东海水晶

许兴江　掌传江　著

江苏凤凰美术出版社

图书在版编目（CIP）数据

东海水晶 / 许兴江, 掌传江著. -- 南京 : 江苏凤凰美术出版社, 2019.8
（符号江苏精选本）
ISBN 978-7-5580-6564-4

Ⅰ. ①东… Ⅱ. ①许… ②掌… Ⅲ. ①水晶—介绍—东海县 Ⅳ. ①TS933.21

中国版本图书馆CIP数据核字(2019)第157857号

责任编辑　舒金佳
装帧设计　曲闵民　高　森
扉页插图　陈敏娜
责任校对　吕猛进
责任监印　朱晓燕
实习编辑　廖顺瑜

书　　名　东海水晶
著　　者　许兴江　掌传江
出版发行　江苏凤凰美术出版社（南京市中央路165号　邮编：210009）
出版社网址　http://www.jsmscbs.com.cn
制　　版　江苏凤凰制版有限公司
印　　刷　南京新世纪联盟印务有限公司
开　　本　787mm×1092mm　1/32
印　　张　6.25
版　　次　2019年8月第1版　2019年8月第1次印刷
标准书号　ISBN 978-7-5580-6564-4
定　　价　68.00元

营销部电话　025-68155790　营销部地址　南京市中央路165号

内容简介

水晶，晶莹剔透，旷世奇石，水晶世界奇妙无穷，水晶文化源远流长，水晶知识博大精深。这天设地造的绝妙精灵，大自然大方地将它恩赐给了东海，东海因而成为名闻遐迩的水晶之都。

东海物华天宝，人杰地灵，文化渊源深厚，拥有浓郁江苏特色的水晶文化。走进东海，亲近这个充满诱惑而又奇妙无比的水晶世界，愿为您带来幸运和福泽。

作者简介

许兴江，东海县宝石行业协会会长，江苏省水晶文化研究会副会长，《东海水晶》杂志社副社长，在《宏观经济观察》、新华社《领导参考》、《连云港通讯》发表多篇关于水晶产业发展与管理文章，主编《中国东海水晶博览》，填补了东海水晶文化空白。

掌传江，东海县供销合作总社办公室主任，在省级以上刊物发表论文多篇，获“江苏省供销合作社系统优秀理论工作者”称号，参与编撰《中国东海水晶博览》。

目录

CONTENTS

引言

水晶自古以来相伴人类，带着几许美丽、几许洁净，赋予人们美好的愿望，带给人们美丽的期许！水晶纯洁冰清，玲珑剔透，变幻多姿，内敛与时尚兼具，灵透与神秘相济，是中国传统珠宝玉石家族的重要成员。

中国水晶文化历史悠久，源远流长。古往今来，人们出于对水晶的珍爱，曾赋予它一串极富美意的雅称，如水玉、冰玉、水精、菩萨石等。水晶在中国最早称之为“水玉”，出自《山海经》，“又东三百里，曰堂庭之山……多水玉”。唐代诗人温庭筠写道：“水玉簪头白角巾，瑶琴寂历拂轻尘。”司马相如《上林赋》曰："水玉磊河。"水晶得名水玉，古人是看重"其莹如水，其坚如玉"的质地。

水晶蕴藏着天地灵气，吸收着日月精华，可以改善人们的健康状况。明朝李时珍所著《本草纲目》说："水晶辛寒、无毒，主治惊悸心热，安心明目，去赤眼，熨热肿，靡翳障，益毛发，悦颜色等。"中国古代《神农本草经》记载：白水晶"疗肺痨，下气，利小便，利五脏"；紫水晶"定惊悸，安魂魄，填下焦，止消渴，除胃中之寒，消肿痛，令人悦泽"。凡此种种，都说明水晶不仅带给人们美丽，带给人们赏心悦目，还带给人们健康和安宁！

水晶，天地灵石，旷世奇宝，是奇妙的大自然对人类最慷慨的馈赠！

第一章
水晶探秘

第一节　水晶的形成

地球诞生于大约46亿年前，它的奥秘无穷无尽。科学研究告诉我们，地球的化学元素组成为：铁占37.6%、氧占29.5%、硅占15.2%、镁占12.7%、镍占2.4%、硫占1.9%、钛占0.05%。地球上已经发现100多种化学元素、4000多种矿物。铁和镍是组成地核的主要元素，氧和硅是组成地壳的主要元素。地球上含硅的矿物有800多种，构成了地壳总量的80%。二氧化硅（SiO_2，石英）是地球矿物和地壳的重要组成物质。

水晶，英文名称为rock crystal，矿物名称为石英。

钛晶宝瓶

钛晶雕　人生如意

水晶是石英家族的成员之一。石英家族的矿种还有玛瑙、虎眼石等，其化学成分都是二氧化硅，但二氧化硅含量大于99.99%以上的硅矿物只有水晶。所以，水晶的化学成分是由很纯净的二氧化硅组成的。

水晶是在一定的地质条件下形成并逐渐长大的。水晶形成的过程首先要从岩浆说起。岩浆是地壳深处一种高温的硅酸盐的熔融体，在地质构造作用的影响下，当这种高温的岩浆沿着地壳薄弱地带的裂缝上升时，随着温度、压力的降低而开始凝固结晶，于是就形成了岩浆岩。在岩浆结晶的后期，将有大量的残余的富含硅及挥发组合的热液富集。这些富含硅的气液流，在压力的作用下，进一步沿着岩石的裂缝上升流动。随着温度、压力的进一步降低，这些气液流将达到饱和而结晶，形成脉状、似脉状的伟晶岩脉及热液脉。东海水晶就是在这种岩脉的晶洞中反复运动而形成与生长的。

一、水晶生长的基本条件

东海水晶的特点是个儿大、产量高、质量好、储量大，这是与水晶形成的地质条件密切相关的。水晶形成与生长的条件非常苛刻，正因为如此，虽然地球上许多地方都出产水晶，但东海水晶相对于其他地方的水晶又有其鲜明的特点，这是由东海的地质条件决定的。一般情况下，水晶的形成与长大至少需要满足如下条件:

① 需要种子。有了水晶种子水晶才能生长。水晶种子矿物学家称之为籽晶、晶芽。东海县地处苏北鲁南超高压变质带上，变质岩大面积分布，变质岩中有大量的石英颗粒，为水晶形成提供了大量种子。

② 需要营养液。就像生物生长都需要营养液一样，水晶生长也需要有充足的营养液，这种营养液就是富含二氧化硅的溶液。只有当二氧化硅达到过饱和时，水晶才能生长。东海地区岩浆活动强烈，西部有大面积岩浆岩，岩浆岩形成的后期有大量富含二氧化硅的热液，为水晶形成提供了丰富营养。同时东海县有大量的变质岩分布，变质岩在变质的过程中形成了大量的富含二氧化硅的热液，这两股营养液联合补给，给水晶形成提供了丰富营养。

③ 需要输送营养的管道。人体中需要的营养是靠血管输送营养液，而水晶生长的营养液也需管道来输送，这些管道地质学家称之为地质断裂构造。东海县地处郯庐大断裂东侧，次一级构造断裂非常发育，这

俏色水晶雕刻 岁寒三友

些断裂构造为营养液输送提供了管道。

④ 水晶的生长发育需要有一定空间。水晶生长的自由空间，地质学家称之为晶洞。晶洞的形成方式主要有两种：一种是熔融性晶洞，即在伟晶岩脉或石英脉中，由于熔融而形成晶洞；另一种为岩浆结晶晚期由富含硅的气压流的压力充填或扩张岩石断裂带而形成的晶洞。东海挖掘水晶的实践证明，在第一种晶洞中生长的水晶晶体大而且质量好。水晶大王和二王就是在这样的晶洞中挖到的。

⑤ 一定的温度与压力。据大量地质观察与人工合成的水晶实验资料，水晶的形成温度一般在400℃ ~600℃以上，压力大于 1000 个大气压。

上述五个条件是基本条件，如要形成晶体粗大、无杂质、无缺陷的水晶晶体，还需要很多的附加条件，如地质条件是否稳定、营养液是否混入其他化学元素等等。在人为控制的理想环境当中，水晶的生长速度约为每天 0.33 毫米。在自然界中，这种理想环境是很难持续的，因为营养液、温度、压力等条件一直在变化当中，很难达到理想状况。天然水晶通常都需要数万倍，或是数百万倍的时间，才能达到人为控制条件下相同

不老松

狮子王

鸳鸯湖

紫晶雕 雄霸天下

降龙观音

的成长。这也是为什么天然水晶生长动辄以“百万年”为计算基数的根本原因，也是“天然水晶”之所以珍贵的原因所在。

水晶晶体生长大致可分为三个阶段：第一阶段，无规则地分布在洞壁上的小水晶晶体，互不接触，晶体是单个生长。水晶晶体生长到互相接触时，就进入水晶生长的第二阶段，即晶簇生长阶段。根据几何淘汰规律，洞壁上平行生长的晶体受到垂直生长的晶体压迫，停止生长了。这样到第三阶段只有垂直于洞壁的柱状晶体获得空间而继续生长。

第二节　水晶的形成方式

一般来说，只要具备水晶生成的地质条件，都有可能产生水晶。水晶及其他矿物的产生是地质作用的结果，形成矿物的地质作用通常分为内生作用、外生作用和变质作用。从东海水晶矿脉的特征看，东海水晶主要是通过内生作用和变质作用形成的。在内生作用中，岩浆作用和伟晶作用对东海水晶的生成有着决定性意义；而由岩浆活动引起的各种变质作用包括接触变质作用、动力变质作用和区域变质作用是水晶生

顺发钛晶　貔貅

成的必要条件。

（一）岩浆作用

岩浆作用：是指地壳深处高温（大于 650℃）高压的岩浆直接冷却分异结晶而形成矿物的过程。岩浆是一种成分非常复杂的高温硅酸盐熔融体，其组分中氧、硅、铝、铁、钙、钠、钾、镁等造岩元素占 90% 左右。在岩浆作用过程中形成的主要矿物依次为：镁、铁硅酸盐，如橄榄石、辉石、角闪石、黑云母等；钾、钠、钙硅酸盐，如斜长石、钾微斜长石、石英等造岩物质。

岩浆作用是地球内生动力地质作用的一种。地壳深处的岩浆具有很高的温度和压力，当地壳因构造运动出现断裂时，可引起地壳局部压力降低，岩浆向压力降低的方向运移，并占有一定的空间或喷出地表。岩浆在上升、运移过程中发生重力分异作用、扩散作用，同围岩发生同化（混染）作用等。随着温度的降低，发生结晶作用。在结晶过程中，由于物理化学条件的改变，先析出的矿物与岩浆又发生反应，产生新的矿物。温度继续降低，反应继续进行，形成有规律的一系列矿物。在岩浆的上述作用中，最重要、最普遍的演化机理是岩浆分异作用和岩浆同化（混染）作用。

位于东海县境内的
亚洲科钻第一井

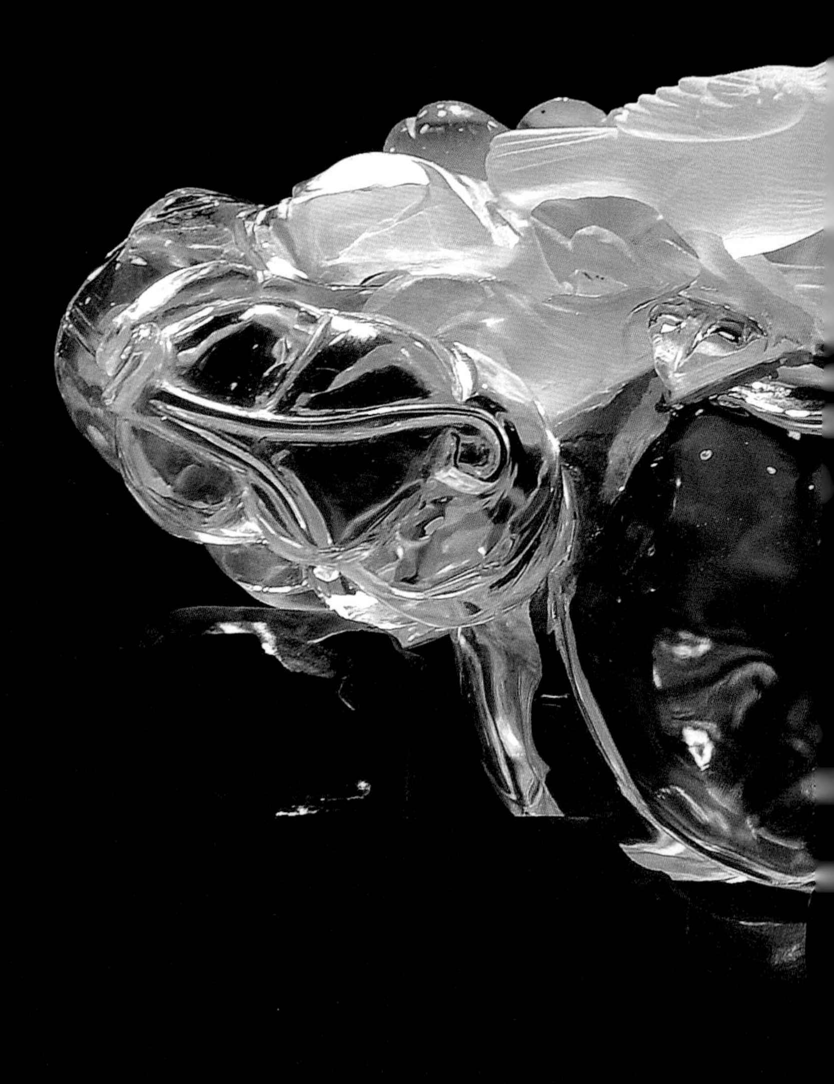

晶雕　报喜鸟

分异作用又称分离结晶作用，指岩浆在冷却过程中不断结晶产生矿物，矿物与残余熔体分离的过程。分离的原因是：一是重力作用。早结晶出的矿物下沉于熔体的底部，晚结晶出的矿物堆积于其上，形成由不同矿物组合的具垂直分带现象的层状侵入体，又称火成堆积岩，其下部为超镁铁岩（橄榄岩、辉石岩等），向上依次为辉长岩、长岩、闪长岩，甚至花斑岩等，具层理构造及堆积结构，剖面上常见成斜分重复出现的韵律层理，偶尔见交错层理。重力作用在基性岩浆中较常发生。二是压滤作用。岩浆在部分结晶之后，在晶体“钢架”之间残存未结晶的熔体，在构造应力作用下，受挤压过滤，与晶体分离，向压力较小的方向迁移，在裂隙或褶皱轴部形成小侵入体。花岗岩体及其围岩中的伟晶岩、细晶岩岩脉，石英粗玄岩中的霏细岩及花斑岩脉等，就是在压滤作用下形成的。三是流动作用。在岩浆运移上升过程中，岩浆中早期形成的晶体，因流体力学作用，远离通道壁部向通道中心高速带集中。因此，在这些岩体边缘富集晚期析出的矿物，而在中部则大量集中早期结晶的矿物。

岩浆同化作用又称混染作用，是指岩浆熔化并与围岩及捕虏体交代的作用，岩浆吸收围岩及捕虏体中的某些成分，使原来岩浆成分发生变化的作用。同化混染作用不仅可改变岩浆成分，而且使岩浆降温、晶体析出，促进分异作用。由于晶体析出引起岩浆的热量与挥发分的增加，又促进同化混染作用的加强。因此，同化混染作用是岩浆岩多样性的重要原因之一。同化混染的强度主要与构造环境、岩体大小、侵入深度、岩浆成分（包括挥发成分）、围岩性质等有关。活动构造环境复杂、岩体大、侵入深、岩浆成分酸性大、挥发分多、与围岩成分差别大，一般同化混染也较强。

（二）伟晶作用

伟晶作用又称伟晶岩成矿作用，是指形成伟晶岩及其有关矿物的地质作用。伟晶作用是岩浆作用的继续。矿物在 400℃ ~ 700℃之间，外压大于内压的封闭系统中，富含挥发分和稀有元素的残余岩浆，缓慢地进行结晶，可以形成巨大、完好的晶体。主要矿物有：红宝石、蓝宝石、石榴石、水晶、碧玺、尖晶石、祖母绿、海蓝宝石、托帕石、锂辉石、褐帘石等等。东海水晶大部分是在这个阶段产生的。伟晶岩一般形成于地下 3 ~ 8 千米处。伟晶作用主要分为三个阶段：

1. 后岩浆阶段

该阶段岩石由岩浆冷凝结晶形成，成岩温度在600℃～800℃之间。此阶段早期是高挥发分岩浆侵入到有利构造空间后冷凝结晶的初始阶段，形成了伟晶岩的边缘带。边缘带的主要矿物为长石和石英。由于围岩温度较低，岩浆温度下降相对较快，因此岩石常具细粒伟晶结构。此阶段晚期，继边缘带形成之后岩浆中挥发组分的含量相对增高，温度下降相对减缓，岩浆结晶形成外侧带。外侧带的主要矿物为斜长石、钾微斜长石、石英、白云母等。

2. 气成阶段

随着边缘带和外侧带硅酸盐矿物的不断结晶，挥发组分含量不断增加，成岩成矿介质逐渐由岩浆转变为超临界流体，成岩成矿温度在400℃～600℃之间，形成中间带和内核。该阶段早期以结晶作用为主，形成的主要矿物为钾长石、钾微斜长石、石英、白云母；在富含稀有元素和稀土元素的条件下，则还可形成绿柱石、锂辉石及稀土元素矿物。伟晶岩内核位于伟晶岩体（脉）的中心部位，主要矿物是具块状及巨晶结构的石英，因而又称石英核。内核是石英矿体的产出部位，内核中常可见晶洞，是水晶等宝石矿物的重要成矿部位。

3. 热水溶液阶段

此阶段是温度下降至 400℃以下开始的。由于环境温度已降至水的临界温度以下，成矿介质已由超临界流体转变为热水溶液。此阶段仍有部分矿物在内核及晶洞中结晶以至成矿，如水晶等 。另外，还可发生重要的交代作用，继续形成相应的矿物带以及矿体。交代作用多发生于中间带及其与核的过渡部位，是白云母及锂辉石、锂云母等稀有金属的重要成矿部位。

（三）变质作用

变质作用是指先已存在的矿物和岩石受物理条件和化学条件变化的影响，在基本保持固态的情况下，改变其结构、构造和矿物成分，成为一种新的矿物质和岩石的转变过程。变质作用有很多种类型，在东海水晶形成中发挥作用的主要有接触变质、动力变质、区域变质等。各种变质作用使水晶产生了不同的颜色、不同的矿物组合（水晶中的包裹体）。变质作用的方式主要有：

1. 重结晶作用

重结晶作用是指矿物在固态下，在温度、压力的影响下所进行的结晶作用。同种矿物经过有限的颗粒溶解、组分迁移，然后又重新结晶成粗大的颗粒，在这一过程中并未形成新矿物。最典型的例子是水晶的二次、三次甚至多次结晶现象。重结晶作用对原矿物的改造主要是使其粒度加大、颗粒相对大小均一化、颗粒外形变得较规则。重结晶作用还可以使矿物由非晶质向隐晶质、晶质体变化，如玉髓重结晶可变为晶质石英。

2. 变质结晶作用

变质结晶作用是指在变质作用的温度、压力范围内，在原矿物总体化学成分基本保持不变的情况下（挥发分除外），原有矿物或矿物组合转变为新的矿物或矿物组合的作用。变质结晶作用的主要特点是有新矿物的形成和原矿物的消失，并且在反应前后矿物的总体化学成分基本不变。

3. 交代作用

交代作用是指变质过程中，化学活动性流体与固体岩石之间发生部物质置换或交换作用，其结果不仅形成新矿物，而且矿物的总体化学成分发生改变。如含钠的流体与钾长石发生交代作用而置换出钾，形成新矿物钠长石。交代作用在变质过程中是比较普遍的，凡有化学活动性流体参加的情况下，总会有不同程度的交代作用发生。

东海地区水晶的生成，是多种地质作用的结果。其中，岩浆作用、伟晶作用是东海水晶形成的主要形式，只要有岩浆活动，就会发生岩浆作用和伟晶作用，就能生成伟晶岩——石英脉，继而生成水晶；而各种变质作用是水晶生成的必要条件，对水晶的多样性、水晶的颜色、各种包裹体的形成起着主导作用。在水晶形成的过程中，各种地质作用往往是同时进行的，如在伟晶作用发生时，随着温度、压力、化学活动流体的变化，会产生不同方式的变质作用，因而产生千姿百态、绚丽多彩的水晶。

第三节　水晶分布

水晶在地球上分布很广，世界许多国家都出产水晶，但主要集中在南美洲和亚洲。其中，南美巴西水晶较丰富，近几十年来出口量均占世界总量的90%。

其次为马达加斯加和危地马拉。美国、加拿大、澳大利亚、土耳其、俄罗斯等30多个国家和地区水晶储量也较为丰富。亚洲主要分布在中国、印度、越南、蒙古等国家。

中国已探明水晶矿床分布在28个省、市、自治区的109处。除了上海、天津、宁夏未见报道外，几乎各省区都有出产。但作为宝石原料开采的并不太多，主要分布于江苏、山东、广西、广东、青海、福建、海南、云南、新疆等地。民间有“阿尔泰山七十二条沟，沟沟有宝”的说法，此地盛产茶晶。据《琼州志》记载：“水晶石有五色，清澈如冰梢月出。五指山盛产水晶，如拳、如杯，晶莹圆彻。”著名的羊角岭水晶矿，在0.2平方千米的面积和150米的深度范围内，共产出压电水晶近百吨、熔炼水晶2000吨以上，被誉为全世界优质水晶最富集的水晶产地，现已作为地质遗址加以保护。河南平顶山境内发现储量丰富的水晶矿，这里的水晶矿藏属低温热液石英脉型，水晶品种除无色透明外，尚有紫晶、茶晶和少量的黄晶。福建政和县出产无色透明水晶、茶晶。广东云浮市出产无色透明水晶、烟晶。广西凌云县出产无色透明水晶、茶晶。云南富宁县出产无色透明水晶、茶晶、烟晶。中国最著名的水晶产区在江苏省，以东海县为中心，盛产水晶，有伟晶岩脉型、含长石石英脉型、石英脉型矿床，还有水晶次生矿。该区水晶一般无色，少许呈茶色、烟色、紫色等。原生矿呈短柱状、长柱状，晶体较大，一般粗 5 ~ 10 厘米，重 100 ~ 400 克；大水晶粗几十厘米，长 1 米多，重几百千克乃至两三吨。次生矿为半棱角状及半滚圆状晶砾。水晶储量大，分布广，埋藏浅，民间易开采。东海县的水晶产量占全国水晶产量的一半。

第二章
晶都掠影

第一节　东海水晶资源

东海县是中国著名的水晶之都，全县有二分之一地域储有水晶，贮藏量约 30 万吨，约占全国的一半，平均年开采量 400 吨，占全国收购量的一半以上。东海水晶除贮量大外，还以质量优而著名，硅含量可达 99.99%。中国的“水晶大王”出自于东海，毛泽东的水晶棺也是用东海的水晶原料炼制而成。“东海水晶”不仅是东海的象征，也是江苏的一张靓丽名片。

1958 年东海县房山镇出土 4.35 吨水晶大王，现存于中国地质博物馆

收获

链条瓶一对

晶族如莲花

金色部落

1. 东海水晶资源分布

（一）东海地区地质背景

东海地区（指东海县及周边的新沂市、沭阳县、赣榆区等产石英的地区）处在华北地台南缘，与扬子地台相接。位于秦岭－大别造山带东延部分、郯庐断裂带以东、苏鲁造山带南缘，处于大别－苏鲁超高压变质带中段地带。区内基底地层为：下元古界东海群变质杂岩；中上元古界海州群片麻岩、大理岩、含蓝晶石、白云石英片岩以及上元古界震旦系浅变质的板岩、千枚岩、变质砂岩等。盖层主要有紫红色砂岩、沙砾岩等，分布于局部断陷盆地中。东海地区第四系覆盖广泛，厚度一般在 1 ～ 3 米，局部大于 5 米。

区内岩浆活动强烈，在吕梁期就有超基性、基性岩浆侵入。超基性岩经区域变质为蛇纹岩，其原岩为纯橄榄岩——辉橄岩；基性岩主要为榴辉岩和角闪岩。中生代燕山晚期有大规模花岗岩侵入，主要有花岗闪长岩、二长花岗岩、石英二长岩等，主要分部在郯庐断裂带东侧，多呈北东向展部。喜山期局部仍有小规模的玄武岩喷发。

区内断裂构造比较发育，主要为北东向、北北东向，局部北西向。北东向主要有邵桑断裂，该断裂控制了中生代沭阳凹陷盆地的展布；北北东向断裂有郯庐断裂和海泗断裂，它控制着中生代白垩系的沉积和燕山晚期二长花岗岩的侵入；北西向断裂规模较小，多为北北东向的派生断裂。东海地区在华北板块和扬子板块碰撞带上，多期次的碰撞，形成大量韧性剪切带，对石英脉的形成具有一定的控制作用。深部韧性剪切变形的硅元素迁出区以及中浅层次韧脆性—脆性剪切变形是二氧化硅的集聚区。

东海县特殊的地质条件和地质运动，造就了丰富的水晶资源。在晚太古至早元古代(距今30亿 ~ 23亿年)，大约经历了6亿至7亿年的时间，形成了厚度超过7000米的东海群地层。在此过程中，时而有中基性—中酸性岩浆侵入，东海群地层在岩浆作用和高温高压作用下，重新组合和富集，开始孕育水晶、脉石英、云母、蛭石、蛇纹石、榴辉岩、金红石、蓝晶石、石榴石、大理岩、花岗岩等矿藏。在岩浆作用的后期，大量残余的富含硅及挥发组分的热液富集。这些富含硅的气液流，在压力的作用下，进一步沿着岩石的裂缝上升流动。随着温度、压力的进一步降低，这些气液流达到饱和而结晶，形成

花开富贵

红水晶雕 岁寒三友

紫葡萄

脉状、似脉状的伟晶岩脉，早期的水晶就是在这种岩脉的晶洞中形成与生长的。因此，东海至少在23亿年前就有了水晶。在东海的地质历史上至少有7次不同类型、不同规模的岩浆活动，每次岩浆活动后，都是水晶形成的爆发期。尤其是距今1.6亿～1亿年前的一次岩浆活动，形成了东海西部北起李埝经桃林、南至新沂的一大片富含二氧化硅的岩体——地质界称为桃林岩体。这些岩浆活动为东海水晶的形成提供了丰富的物质来源。另外，在东海西部有一条近乎南北走向的、巨大的、驰名中外的郯庐大断裂，在东南部有一条规模较大的东泗断裂，这两条断裂在东海西南方交会。长期以来，受多期次地壳运动的影响，致使现今区域构造线呈北东、北北东向展布，构造形态表现为断裂、褶皱都很发育，对地层展布、矿产分布、水晶的形成具有控制和改造作用。在反复的地质运动中，都为水晶的形成与生长创造了条件。晚期水晶主要形成于燕山期（距今约3亿～2亿年前）以及1亿年前的岩浆活跃期。有的水晶经过一次、二次甚至多次结晶，形成了硕大无比的晶体。于是，诞生了水晶大王、水晶二王、水晶三王。

东海地区开采的原生矿（石英脉）一般处于地表到

地下 20 ~ 40 米左右的位置。而石英脉初始的空间产出位置，应该在地下 3000 ~ 8000 米之间，这样才能使温度、压力符合水晶的生长条件，才能保证有足够的时间让水晶生长。这是因为在距今 23 亿年左右时，受五台期地壳运动影响，境内大部分地区长期处于隆起剥蚀环境。同时，东海地区位于华北地台南缘，与扬子地台相接，扬子板块与华北板块对接和扬子板块向华北板块之下俯冲并折返，将早期形成的石英脉隆起、抬升或被后期构造错段，再加上原覆盖层被风化、剥蚀，造成原覆盖在东海群地层之上的古生代的全部地层消失，地势逐渐夷平，使原来深藏于地下的水晶逐步浮出地面。因此，目前的地面就是早期石英脉形成的位置。而后期石英脉形成后未发现其他构造叠加或对其进行破坏、改造，说明后期石英脉形成以后，两大板块碰撞、俯冲相对减缓或停止，东海地区的地质处于风化剥蚀状态。

（二）东海水晶矿藏的成矿特征

① 分布范围：主要分布在江苏省的赣榆区、东海县及新沂市东部和沭阳县的北部地区。

② 形态: 石英脉主要产于超高压变质带的中心地带，分布与超高压变质带走向一致，与黑云斜长片麻岩类、

榴辉岩类等密切共生，往往成群成带出现。常产于榴辉岩与片麻岩的接触部位或附近构造裂隙中，以南北—东西向为主。一个群带中往往有一条或多条平行、近乎平行雁行式排列的石英脉，沿着走向或倾向常见分支分叉、复合、尖灭再现。有的石英脉中还包裹有片麻岩包体。石英脉形态产状完全取决于形成时的构造裂隙形状。石英脉与片麻理多为斜切、横截、沿构造裂隙、节理、片理缝隙灌入，一般呈脉状、串珠状、似层状、透镜状、鸡窝状，少数呈囊状、扁豆状等。一般长几米至几十米，宽数厘米至数米；少数石英脉长达百余米，宽多为 1 米至几米；少量长十几米，深几米至几十米。

③ 颜色、结构构造：石英脉一般为白色、灰白色、乳白色，少量灰色、紫色、桃红色（芙蓉石），甚至黑色等。油脂—玻璃光泽，半透明—不透明，少量透明无杂质（水晶），质纯，属优质硅质原料。

致密为主，还见不等粒镶嵌结构、块状结构、局部可见晶洞结构，近晶洞部位透明度高，可见似玻璃状石英团块。少量石英脉中含褐铁矿时呈蜂窝状结构、条带状结构等。

④ 矿物成分：组成矿物主要成分为石英，有的含极

水晶饰品 四小天鹅

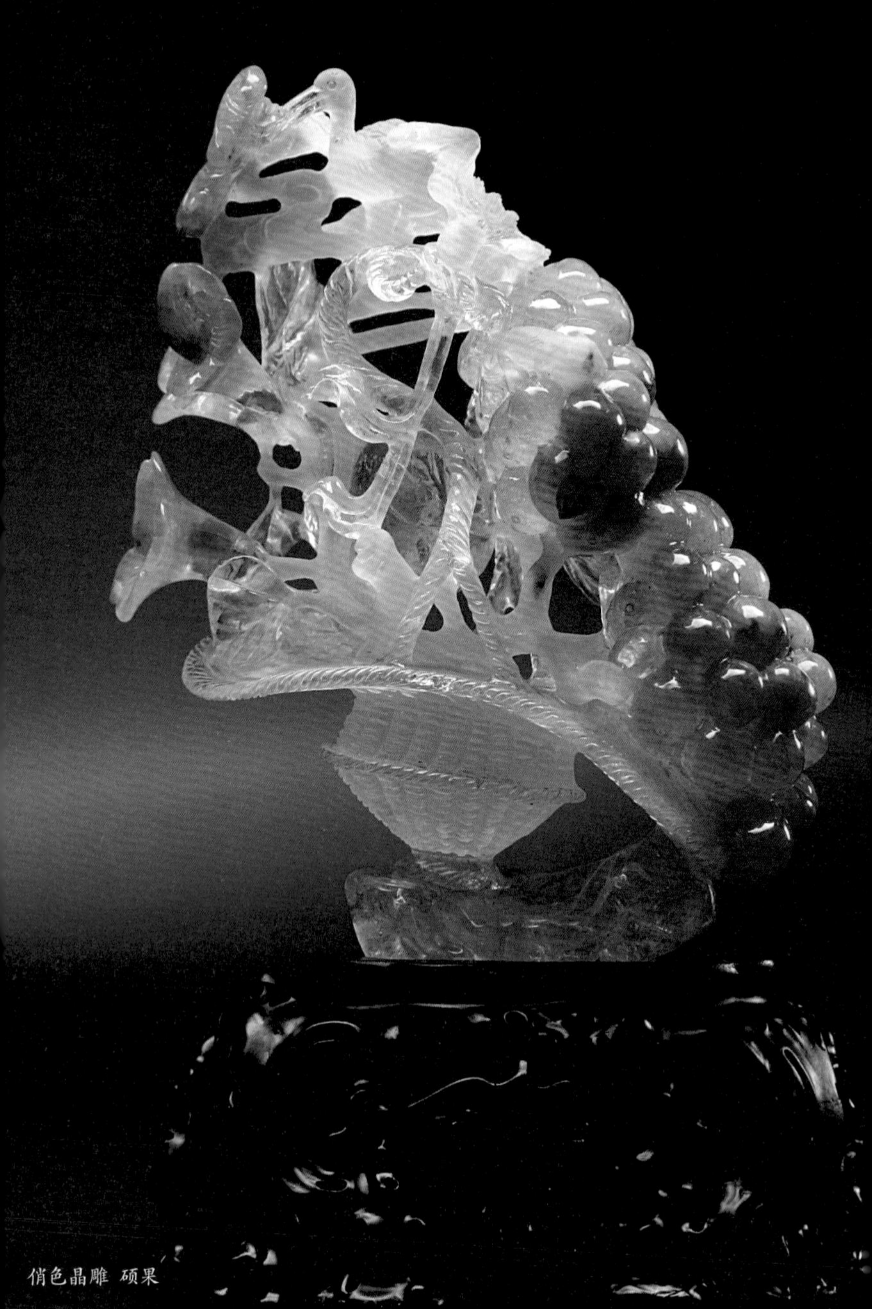

俏色晶雕 硕果

少量铁质、白云母，还有含磁铁矿、黄铁矿、钾长石、金红石、绿帘石、绿泥石等包裹体。

⑤化学成分：二氧化硅98.95% ~ 99.79%、三氧化二铝0.018% ~ 0.049%、三氧化二铁0.011% ~ 0.082%，其他各种元素含量均很低，表明石英脉纯度很高。

⑥ 围岩及其蚀变：石英脉的围岩主要是片麻岩和榴辉岩等，蚀变较复杂，蚀变为绿帘石化、绿泥石化；围岩为片麻岩且脉体较大时，蚀变有分带现象，从里向外为蛭石化、绿帘石化、绢云母化、白云母化、高岭土化、硅化等。其中，有的蛭石化变岩呈棕色、棕红色等疏松泥状（俗称胭脂泥）充填于晶洞中或分布于石英脉两侧及其裂隙中。蚀变规模大者变带较宽，规模小者变带较窄，宽数厘米至数十厘米，有的石英脉边部形成 1 ~ 2 厘米宽的暗色边或者云母片明显变大。一般石英脉厚度小于 0.5 米 时基本无蚀变边，与围岩界线清楚。

⑦ 石英脉的构造控制：东海地区位于华北板块和扬子板块碰撞带上，多期次的碰撞，形成大量任性剪切带。这些剪切带自地表至深部的变形对石英脉的形成可规划为：深部韧性剪切变形的硅元素迁出区以及中浅层次韧脆性—脆性剪切变形的二氧化硅集聚区。

⑧ 成矿物质来源：硅是地壳中丰度仅次于氧的元素，或以二氧化硅，或以铝、镁硅酸盐的形式产出。硅的巨大含量决定了它在地质演化中的地位和作用。因此，只要有合适的条件和富集的场所，都可能形成石英脉。而硅酸盐组成的岩石在热液的作用下，硅酸盐矿物中的阳离子部分或全部被解离，形成了新的矿物，二氧化硅的析出是这一过程产物之一。东海地区石英脉产生过程中，二氧化硅的物质来源有四个方面：

一是来自基底变质岩素：岩浆作用、区域变质作用，尤其是中深变质作用过程中会释放出大量流体。这些流体溶解大量的钾、钠、钙、硅等造岩组成，形成二氧化硅流体，造成岩石的化学成分变化。

二是来自韧性剪切带：区域变质岩中形成的变质流体，需要寻找赋存空间。韧性剪切带的形成，一方面由于剪切作用自身形成部分二氧化硅流体，同时也为区域变质作用形成二氧化硅流体提供了上升通道和赋存空间。由于这些区域变质流体的加入，对韧性剪切带内糜棱岩中的二氧化硅的析出起催化剂作用，提高了析出速率。

三是来自高压、超高压的变质作用：高压、超高压

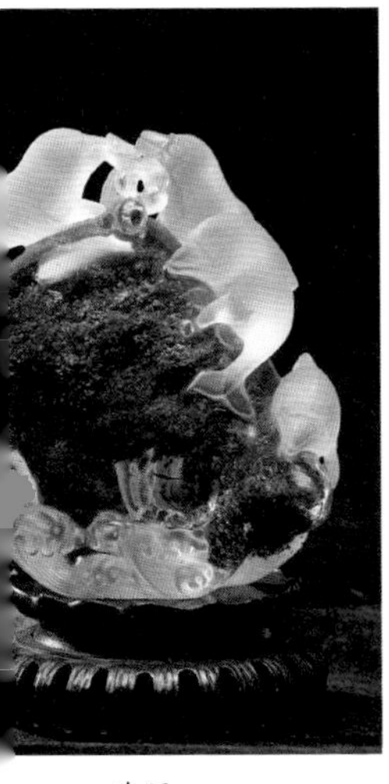
海豚

鹅

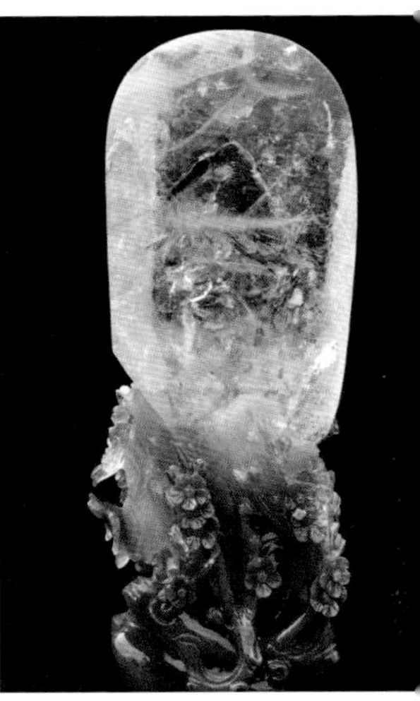
啄木鸟

太子佛

关公

变质作用，使带内岩石片理化、面理化，产生大量二氧化硅流体，在高温高压等条件下逐渐富集到构造带，再沿构造带上升到浅层，形成石英脉。

四是来自榴辉岩：中国大陆科学钻探（CCSD）对石英脉进行研究认为，在板块俯冲、折返过程中，会产生大量不均一变质流体，在此过程中榴辉岩也会释放出大量二氧化硅。

（三）东海水晶矿藏种类

根据矿体的形成方式的不同，东海地区水晶矿藏分为原生矿和次生矿两大类。

① 原生矿：是指在岩浆作用、伟晶作用、变质作用的共同作用和影响下，在地壳内部生成的矿体。根据结晶程度、含晶量、物理性质及用途不同，原生矿分为水晶矿、石英矿。

水晶矿：包括含晶量大于 10% 的石英脉。石英脉晶洞中直接产出的水晶。含晶石英脉一般有单晶洞脉，少数为多晶洞脉，晶洞带位于石英脉转弯下盘尖处或膨大部分的尖灭处，或数条石英脉交叉处。水晶产出有两种方式：一为分泌式晶洞，规模一般较小，宽几厘米至十几厘米，长数十厘米，其内晶体一般发育不全，往往只见到晶头，该类晶洞目前尚未发现有价值的晶体；其二为溶解式晶洞，规模较大，椭圆矿产与石英脉膨胀部位的尖灭处，其内晶体发育较大，但不完整，在原晶体上可见有再生晶体和晶芽。

石英矿：是指含晶量小于 10% 的石英脉。主要矿物质为半透明—不透明石英，化学成分主要为二氧化硅，含有少量氧化铁、氧化铝、氧化钙等杂质。石英与水晶的区别是二氧化硅流体灌入到缝隙时快速凝固，没有充分结晶。石英脉的产出形式有两种，即单式脉和复式脉。复式脉形态较规则，一般由 2~3 条脉体组成，其中单脉体宽 1~2 米，长 20~30 米；少数长达 100 米以上。单式脉者产出形态较复杂，向深部延伸，有膨大、缩小及分支现象。

② 次生矿：次生矿也称砂石矿，是指位于第四系堆积物的底部、基岩侵蚀面之上的碎石层。早期形成的水晶原生矿经风化侵蚀、移动后，或残留在原地，或在第四系坡积层、冲积层、洪积层形成的沙砾堆积物的底部、基岩侵蚀面之上的碎石层中，形成次生矿。该矿层厚度变化较大，一般为 0.2 ~ 0.8 米。碎石成分以石英为主（含量一般为 20% ~ 70%），少量石英岩、伟晶岩、片麻岩等，

水晶里的风景

多呈次棱角—浑圆状。经多年开采统计，含（水）晶率约0.057%左右。次生矿的产生有两种方式：

一是残积物。指原生矿经风化、剥蚀后残留在原地的堆积物。残积型矿体在地下2米之内，矿体形态为鸡窝状、团块状，晶体发育较好，晶体重量大的可达几十千克。晶体棱角显著，碎石大小不均匀，无分选、无层理。有时保存原脉的残余结构，残积层与下面的母岩没有明显界线，而是逐渐过渡的。

二是坡积物、冲积物或洪积物。坡积物是残积物因自身重力发生位移或经水流搬运，顺坡移动堆积而成的堆积物；是高处石英脉风化产物缓慢地洗刷剥蚀，顺着斜坡向下逐渐移动、沉积在较平缓的山坡上而形成的堆积物。冲积物是在河流中沉积的物质。洪积物是山区溪沟间歇性洪水挟带的碎屑物质，在山前沟口形成的堆积物。坡积物距原生矿400米之内，随斜坡自上而下呈现由大到小的分选现象，其成分与坡上的残积物基本一致，与下面的基岩没有直接关系，这是坡积物与残积物明显的区别。冲积物、洪积物的搬移距离与坡面的倾斜坡度、河流的宽窄、水流的速度有关，矿体深为2～5米，距原生矿400米之外，含矿层浅，呈条带状、星散状，单

中國東海水晶博物館

晶形态多没棱没角，挟带的矿石多呈圆浑状，为流沙流水长期磨砺而成，晶体重量不过几千克。

（四）东海地区水晶资源分布

东海地区水晶的分布范围与超高压变质带走向一致，主要分布在：

① 北北东向和近东西向断裂构造，以及构造交叉、复合部位，东海群地层的褶皱转折端等。只有在断裂构造产生时，石英脉才能有赋存空间。

② 榴辉岩体的产生地带以及榴辉岩体构造裂隙带与片麻岩的接触部位。这些条件为二氧化硅运移、富集，石英脉的形成提供了空间。

③ 从地表到地下 5000 米都有可能是石英脉的赋存空间。

④ 东海地区石英脉的主要分布范围在新沂市的踢球山经阿湖镇，东海县的曲阳乡、房山镇、牛山镇、白塔镇、温泉镇、石梁河镇，赣榆县的大岭、欢墩镇、石桥镇，长约 130 千米，宽 20 ~ 40 千米。

⑤ 东海县境内大致有两个水晶产地（即水晶带）。北线：温泉镇朱沟—横沟乡—青湖镇新庄—石梁河树墩一线，范围较窄，石英脉含晶量较低。南线：白塔埠镇

东海水晶吸引了世界各地的游客

中国东海水晶城

埠后、张井、马小埠——驼峰乡董马庄、八湖——平明镇安营——房山镇——牛山镇曹林——曲阳乡张谷——石湖乡池庄——安峰镇陈集一带。南线为水晶的主要产区，产量占全县的90%。尤其以红土山周围最为集中，产量约占全县的三分之一。已发现开采的大水晶都产于这个范围。多年采矿实践和实地地质勘探，都无法圈定矿体确切方位，在理论上没有水晶的地区，民间也会偶然挖出水晶来。2005年，安峰镇毛北一石英塘中挖出水晶石14吨多。东海县境内水晶分布范围长约60千米，宽约20～40千米，面积约1500多平方千米。

1955年，国家地质部华东地质局304地质队，对东海县水晶矿产进行普查勘探，查出全县有380多条蕴藏水晶的石英脉。1959～1960年，徐州专属第一地质队和驻东海地质队，对平明乡红土山、房山乡的柘塘、曲阳乡的张谷等几个水晶原生矿生产地进行勘查，通过边采边探，证明这一地域石英脉分布较多，其中发现有30多条石英脉中含有水晶。资料显示：东海石英储量3亿吨，其中水晶储量30万吨。

（五）东海水晶主要品种

东海水晶主要以无色透明晶体为主，也有紫晶、烟

寿比南山

晶、乳白晶体及粉晶等。东海水晶在形态上粗而短，形体大。单个晶体如水晶大王“三兄弟”者较罕见。晶体发育往往不太完整、多绵、多裂隙，外表常为棕黄、灰褐色的薄膜所包裹。1998 年，国家建委材料科学研究院和上海硅酸盐研究所分析表明，东海水晶的最大优势反映在化学成分上的高品位。据国家建委材料科学研究院光谱分析，东海水晶二氧化硅含量高达 99.99% 以上，其主要有害微量元素铝、铁、钙、镁、钛、钾、钠等的含量均低于国家制定的标准，能满足生产中的技术要求，质量全国第一、世界之最。东海水晶的主要品种有：

① 无色水晶：是东海县水晶的一个主要品种，晶体无色透明。主要产地在池庄、张谷、曹林、牛山、南榴、马小埠等地。

② 茶晶：烟晶中的茶褐色、烟黄色称为茶晶，是东海水晶较多的品种之一。主要分布于青湖镇新庄、石梁河树墩一带。

③ 紫水晶：是一种呈淡紫到浓紫或葡萄色的水晶。东海县储量较少，主要分布在曲阳乡曹庄、石湖乡池庄一带。

④ 发晶：晶体含纤维状、针状包裹体。发晶颜色呈

兔毛水晶

褐色、红色、橙色、金黄色、绿色、银白色。东海县的发晶主要是金黄色和银白色，产地在房山镇芝麻坊、牛山镇曹林、驼峰乡南榴、曲阳乡曹庄。

⑤ 绿幽灵：无色水晶内含绿泥石等包裹体，有的呈绿莲状，绿色均匀，颜色艳丽。主要产自平明镇安营村。

⑥ 粉晶：是一种粉红色芙蓉石，其成分、结构物理性质与水晶一样，只是透明度差一些，东海县有零星产出。

（六）水晶等级

天然水晶目前没有严格的国际分级标准，鉴定的依据是在不借助放大镜时肉眼观察的结果，主要针对无色、茶色水晶。按约定成俗的经验，有以下几种级别：

① AA 级：整个水晶里外通透无瑕疵，表面没有可见的人为瑕疵。

② A1 级：有极细微的瑕疵，或细小的天然内含物，不超过 3 毫米的云雾状或棉絮状杂质。

③ A 级 ：有轻微瑕疵，肉眼很容易看得见云雾状或棉絮状杂质。

④ AB 级：有大块的云雾状内含物，有小冰裂痕，表面有细小划痕。

⑤ B 级：整颗水晶中一半以上都是云雾状内含物，

大块的冰裂痕，表面有较小裂痕。

⑥C级：最低一级，整体呈云雾状，冰裂痕迹很明显，表面也有明显裂痕，好像随时会碎。

第二节　东海水晶资源开发

东海水晶资源利用源远流长。早在旧石器时代，居住在东海县境内的古人类，就利用石英与水晶制作了很多石器。20世纪70年代，东海县山左口乡的大贤庄发现了江苏省第一个旧石器时代文化遗址，距今约1万年。在出土的众多石器中就有数块水晶砾石刮削器，从中可以看出，先民们很久很久以前就以水晶作为打制石器的原料，制作工具。水晶开采伴随着水晶利用而产生。在古代，东海境内可以说遍地都是石英，随处都能见到水晶。先民们开采石英、水晶无须复杂的工具，只需到旷野中捡拾、收集就可以了。人们采集石英、水晶主要用于制作工具、建筑材料、取火材料等。由于石英坚硬，破碎后产生锋利的断口，所以石器时代的原始人用来制作工具。石英在东海又称“火石”，用铁器击打会产生火花，古代人用一小块石英和一把铁制的“火镰”击打碰出火花，当火花落到干草、草纸等易燃物上时，就可点燃，以此取火。此法一直到 20 世纪 60 年代末农村中的许多老人还在用。由于石英采集简单，古人多用来作为各种建筑材料，如铺路、筑墙等。晶体通透的水晶，历来被人们视为宝物，多用来炼制药物，制作各种饰品、器皿等，或用于玩赏。水晶是佛家“七宝”之一，可制作佛珠、佛塔、佛舍利等。

唐开元时期，东海的能工巧匠马待封又一次把东海水晶雕刻技艺推向极盛。692 年和 714 年，马待封两次进京，制作了指南车、记里鼓、相风鸟等“机器人”，为唐明皇造“金银车”和为皇后制造能走出木人的“梳妆台”。后来又制造自动斟酒的“酒山”。酒山高三尺，是银制的。酒山放在直径四尺的大盘中，由一只大乌龟顶着。龟肚子是空的，里面有机器；山也是空的，可容酒三斗。绕山为酒池，山的四面伸出四条龙的半截身躯，龙嘴里往外吐酒。特别奇特的是：杯子是水晶做的，由下面铁片做的荷叶托着，当酒斟到八分满的时候，龙嘴里的酒就不淌了。同时，马待封还利用东海水晶为皇宫雕琢了水晶帘、水晶枕、水晶杯、水晶盏、水晶环、水晶珠和水晶项链等用具和首饰。

东海真正以交换、贸易为目的的水晶开采始于明末清初眼镜制造技术的发明和应用，距今已有 350 多年历史。自苏州人孙云球（1628 ~ 1662 年）掌握了用天然水晶石磨片技术后，其所用的水晶原料主要来自东海。当时，苏州人经常到东海收购水晶，人们将从地里捡到的或劳作时无意间挖到的水晶卖给苏州人，才知道水晶可以换钱。于是，便开始有目的地开采水晶。世人通过眼镜知道了东海水晶，东海人也通过眼镜知道了水晶的价值。自明末清初始，东海产的水晶大多供应苏州、京城的水晶加工作坊，不但用来制作眼镜，还制作其他器皿。

明清时，东海已出现以开采水晶谋生的人。康熙年间所修的《江南通志》中对东海水晶的开采进行了记载："牛山，在海州西南七十里，产水晶石。"清代东海诗人汤国泰在《牛山水晶行》中记载：牛山水晶为眼镜永久不裂，为天下之最。可见当时以东海水晶原料做的眼镜是何等炙手可热。

中华人民共和国成立后，水晶作为特殊的战略资源，国家对东海县的水晶资源及其开采和利用工作非常重视，先后成立了地方国营东海水晶矿、采矿公司、105 矿等管理、经营机构，专门从事水晶的开采、收购、管理等工作。据统计，1950 ~ 1990 年 40 年间，东海县共开采石英 250 万吨，其中水晶 15000 吨。1986 ~ 1989 年，全国共出产水晶 3001.2 吨，其中江苏东海产出的水晶就达 2148.3 吨，约占全国水晶产量的 71.58%。也就是说，东海水晶的产量为全国水晶产量的一半以上，为国家经济建设做出了贡献。据 105 矿统计，20 世纪 50 年代水晶年收购量在 100 吨左右；60 年代为 150 ~ 200 吨左右；70 年代为 300 吨以上；1980 ~ 1989 年，年收购量在 400 ~ 600 吨，最高年份为 652 吨。东海开采的水晶不但产量居全国之首，而且水晶的单晶体的重量也是国内其他地区不可比的。1958 年 8 月、1982 年 12 月、1995 年 1 月，相继挖出了水晶“大王”“二王”“三王”，平时出土数十千克至数百千克的水晶就更为常见。从中华人民共和国成立初期到 1985 年前后，东海的水晶开采以政府、企业、生产队集体开采为主，民间开采都是在非公开的状态下进行。改革开放以后，随着个体水晶加工户的不断增多及硅工业的快速发展，水晶石英原料供不应求，很多农户到自家责任田、自留地里找矿挖水晶石。1995 年前后，每年采出的水晶石达 2000 吨。2001 年 11 月 10 日，东海县人民政府《关于禁止非法开采石英（水晶）资源的通知》下发后，每年开采量为 200 吨左右。2010 以后，东海每年开采的水晶在 100 吨左右。

改革开放以来，东海人民充分利用当地资源，开创了一条具有鲜明特色的水晶产业发展之路。经过 30 多年的发展，东海县立足水晶资源优势，大力发展水晶产业，初步建立了以水晶市场等实体市场为主体、以网上交易市场为补充的较为完整的市场体系；产品研发、生产加工、产业推广、配套服务等已经具备一定的基础，初步形成了一个产业发展应具有的核心环节；东海的水晶产业已经达到了一定的规模，从业人数 20 多万人，水晶产业年产值已达 80 亿元以上。在原料采购方面更是遍布全球各个水晶出产地，购销网络实现了与国际、国内两个大市场的有效对接；产品研发、艺术品创作、水晶文化研究、现代经营管理、工程技术等各类人才队伍逐步成长起来，形成了不同梯次、不同领域，结构较为合理的人才队伍，奠定了水晶产业快速发展的基础；水晶文化逐步形成，带动了东海文化产业的兴起和发展，尤其是在水晶观赏石开发、水晶雕刻艺术品创作方面，在国内处于领先地位，其文化价值日益凸显。水晶产业，已经成为东海县经济最具活力的优势特色产业。东海先后被国家有关部门授予“东海水晶之乡”“中国水晶之都”“中国珠宝玉石首饰特色产业基地”称号。2007年，“东海水晶”获国家地理标志产品保护，并在国家工商总局成功注册“东海水晶”证明商标。2012年，“水晶大姐”荣获中国驰名商标称号。

全县有水晶加工厂及企业3000多家，年产水晶饰品3100万件，水晶雕刻品及观赏石600万件，其他水晶制品500万件，年产值达80亿元。从事水晶加工、生产、销售、物流、采购及相关配套产业的人员达20多万人。水晶交易市场营业面积16.9万平方米，年交易额80亿元。

全县年水晶原石进口量达30000吨，常年在国外采购人员就达5000多人。凡是产水晶的国家，几乎都能看到东海人的身影。

东海人充分发挥水晶产业优势，以东海的水晶加工、流通企业为依托，纷纷走出家门，积极开拓国内市场，已在上海、北京、广州、深圳、成都、重庆、兰州、西安、杭州、昆明、济南、青岛、苏州等十几个大中城市开店或设立分店500余家，经营店铺总面积约2.2万平方米。

连云港水晶传奇文化传播有限公司、东海县石来运好有限公司等，相继开展了连锁加盟业务，已辐射全国30多个城市，加盟连锁店达260个。

随着互联网的普及，网上销售业务蓬勃兴起，许多水晶工商企业都建立了自己的网页、开办了自己的网店，进而出现了从事网上销售的专业队伍。目前全县网上水晶商铺超过3000家，从业人员10000人以上，年销售额15亿元以上。网上水晶大市场的雏形已基本确立。

东海县现有4名江苏省工艺美术大师、6名江苏省工艺美术名人、30名市级工艺美术师。

随着水晶资源的开发利用，东海人坚持物尽其用，根据不同种类型的水晶开发不同的产品，让水晶这颗古老的宝石更加熠熠生辉。东海不仅成为“中国水晶之都”，2016年，又被世界手工艺理事会授予“世界水晶之都”称号。

第三节 晶都名片

一、中国最大的水晶专业市场——中国东海水晶城

中国东海水晶城前身是江苏省东海县水晶市场，由东海县供销合作总社于1992年投资兴建。历经四次扩建和改造，占地面积达60余亩，建筑面积6万平方米，

营业面积5.2万平方米。有来自国内2000多生产厂家及商户在这里展示销售，经营人员8500名。销售网络辐射全国50多个大中城市及世界20多个国家和地区。2013年，年交易额突破70亿元，年接待国内外客商80万人次。中国东海水晶城现已成为全国最大的水晶专业市场和世界水晶的集散中心。

中国东海水晶城于2011年被江苏省发改委命名为“省级现代服务业集聚区”，已建立了电子商务中心、质量检测中心、水晶精品拍卖中心、水晶工艺品版权保护与推广服务中心、商务礼品公司、佳东矿产品进出口公司等经营和服务机构，为商家提供产品展销、品牌宣传、信息交流、金融服务、物流服务、知识产权保护、网上交易等全方位服务。

为了提升中国东海水晶城的服务功能和市场竞争力，东海县政府决定在县城新区兴建新的水晶市场，规划占地面积1100亩，总建筑面积140万平方米，总投资30亿元，争取用3 ~ 5年的时间，将其打造成年交易额超过百亿元的现代化、国际化、品牌化、特色化大型专业市场。

二、中国唯一的水晶博物馆——中国东海水晶博

物馆

中国东海水晶博物馆是国内唯一以水晶为主题的博物馆，总建筑面积 2.9 万平方米，总投资 2.6 亿元。整个展馆由南北两个独立单体组成，外形复杂，屋面为竖向折线形，东西方向的上下楼层通过 40 度或 140 度的斜面连接在一起，外观酷似水晶原石。

博物馆馆藏世界各类水晶 2000 余件，设有开天辟地厅、鬼斧神工厅、气象万千厅、姹紫嫣红厅、精品厅等 6 个展厅。从 137 亿年前宇宙诞生开始，讲述了水晶名称的由来，水晶在不同时期、不同地域的用途，世界水晶的分布等，多角度、多层次展示了水晶的特点和科学、文化内涵。

该博物馆集水晶收藏展示、硅材料工业展示等多功能于一体，汇聚东海及世界各地品质最好、工艺最精美的天然水晶奇石和水晶工艺品，演示天然水晶形成的奇特景观，向世人展示水晶世界的晶莹之美与无穷魅力，主旨是建成水晶文化科普中心、爱国主义教育基地、国家水晶文化传播中心和国际性水晶文化交流中心。中国东海水晶博物馆的投入和使用，对于提升东海的水晶产业竞争力，促进水晶与文化的融合都有着重要的意义。

中国东海水晶博物馆于2013年9月28日正式对外开放，日均接待游客3000余人。

三、东海水晶文化创意产业园

为全面提升东海水晶创意设计和加工水平，增强产业竞争力，促进水晶产业提档升级，2011年，东海县政府决定在县科教创业园区内高标准建设东海水晶文化创意产业园（以下简称产业园）。产业园规划总占地面积1000亩，总建筑面积约30万平方米，总投资约6亿元，建成后将吸纳150家企业和机构入驻，实现年总产值10亿元，实现年利税1.5亿元。

产业园自2011年建设以来，以其鲜明的特色引起社会各界的广泛关注。2012年3月获批江苏省现代服务业重点项目、连云港市现代服务业集聚区，12月申报江苏省现代服务业集聚区、省服务业重点园区等。已有张玉成大师、至善坊水晶文化发展有限公司、石来运好水晶工艺品有限公司、天迈国际贸易有限公司、恒辉水晶工艺品有限公司、东海水晶产业发展研究院、江苏省水晶文化研究会、《东海水晶》杂志社等一批知名水晶加工企业、研究院所、传媒机构等入驻运营。

在加快产业园建设的同时，不断加大对水晶设计、

2016 年 3 月落成的新中国东海水晶城

加工、营销人才的培养，依托东海水晶工艺美术学校，与中国地质大学、南京大学、连云港职业技术学院联合办学，每年培养水晶宝石专业大中专学生 500 余人，培训水晶宝石从业人员 10000 余人次。

第三章
水晶故事

第一节　晶都纪事

一、“水晶大王”出土记

1958年8月6日，是东海人因为水晶而扬名天下、引以为自豪的日子。这一天，中国“水晶大王”在东海横空出世，共和国已经将它的光辉载入史册。

1958年的7月，在盛产水晶的房山镇，忙完了夏收夏种的村民们清闲下来无事可做。于是，分社干部苗福青等就带领村上的青壮年去挖石英卖钱。

虽然时值盛夏，酷热难当，但大伙采石掘宝的激情毅然压倒了一切。连续几天，由南往北追进10多米，

水晶大王

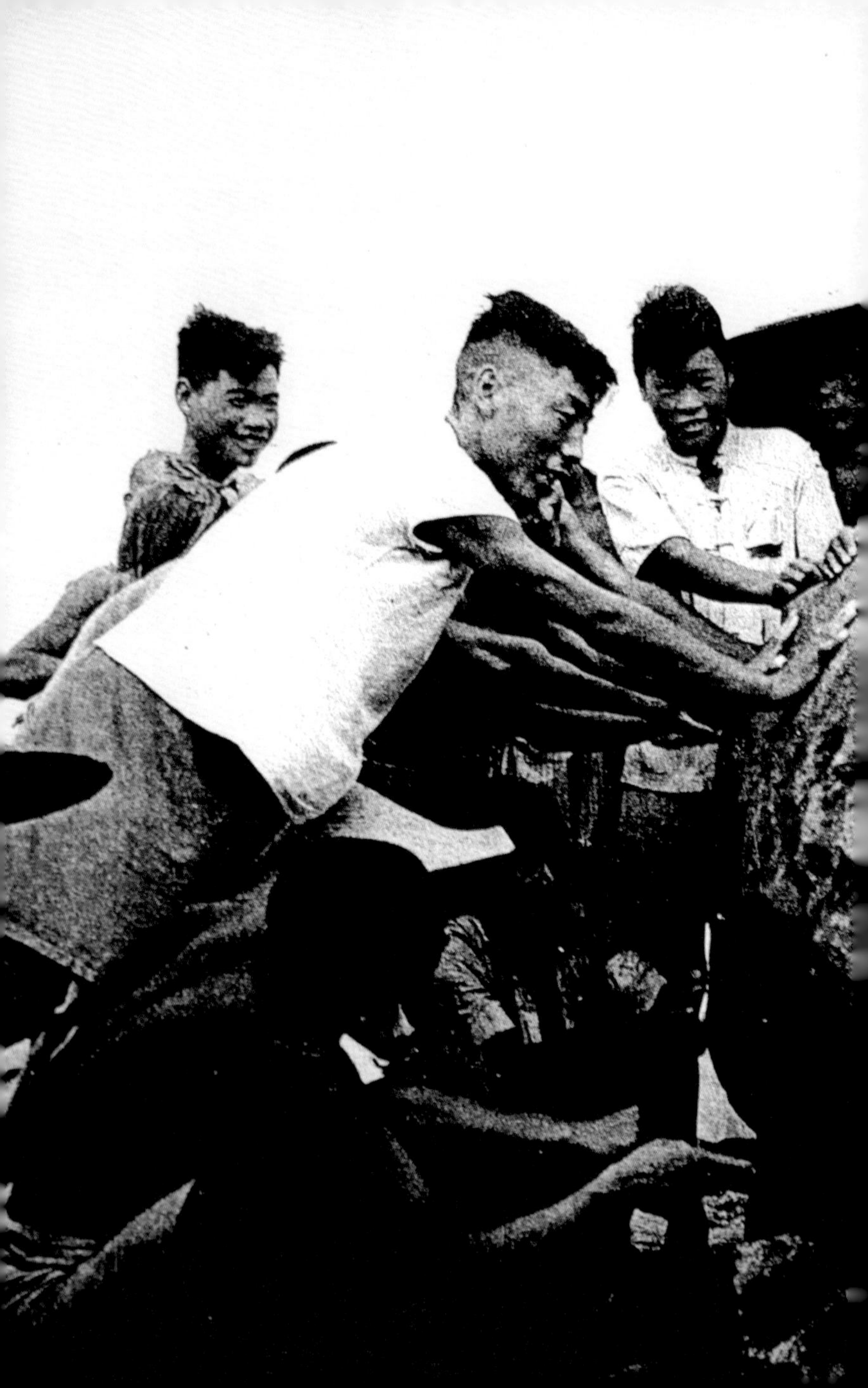

水晶大王出土

深度也下到了5米多的时候，他们零散挖出了几块大钻头水晶，合计重达1000多千克。其中一块大的钻头水晶约300千克重，出土后就用牛车拉到房山街上展览。几天后，石头被东海105矿派人拉走了。

在这几块大钻头水晶出土之后，人们又从离地3米多深的塘子里挖出了“胭脂泥”。正如其名，“胭脂泥”颜色为浅红色，砂拢拢、黏丝丝的，如筛过的细砂。村民们根据开挖石英的经验，发现了胭脂泥，说明接下来一定还有“料”。大家顺着红色土层追挖下去，果然又有花石出现，而且包裹着的石块个头更大！一波又一波的惊喜，让挖石头的人们忘记了劳累，连手上磨起了血泡也全然不顾。

随着越挖越深，地下水开始吱吱地往上冒。怎么办？那时候没电，也没有柴油机和抽水泵，大伙只好用最原始的办法：以桶提水。全体成员分成两班人马，一边往下递空桶，一边往上提水桶。空桶、满桶，满桶、空桶，水桶就这样在大家手中不停地传递着。

村民苗林付回忆说：“平时我们白天挖石头，晚上休息。”但这里地下水不停地往上涌，排水的任务也不能停，所以晚上大伙就点上马灯，一桶一桶地往上提。如果晚上不把水排尽，第二天会漫得更高，挖石头就更困难了！于是，大家夜以继日、废寝忘食地忙碌着，以保证排水和挖掘同时进行。

8月6日，一块高约2米、宽1米的大石头露出了真容。“太棒了！”大伙好兴奋。“挖到水晶了，还是块大水晶！”乡里人奔走相告，这俨然成为当时的头等喜事。

民兵们使出平日里练兵习武的看家本领，在“石龙”的平行线上凿了三个炮眼，填进炸药。一声令下，随着炮声响起，闪光耀眼的晶子像压在“五指山”下的孙悟空美猴王，活蹦乱跳地从石龙里蹦了出来。硝烟散去，哗啦啦的人群从四面八方涌向塘子。人们一下子被石塘里的景象惊呆了：三炮只响了两炮，就是这当中的一尊哑炮，没有损伤晶王，才侥幸让两人合抱不过来的“水晶大王”安然出世。这位晶王岿然不动，稳坐塘底。“水晶真是有灵气呀！”人们无不啧啧称奇。

没有吊车、起重机，怎样才能将晶王从塘底“请”出来呢？大伙商量了一下，决定先把塘坑的一侧削成斜坡，再垫上一排整齐的木头，最后用铁丝和粗绳固定在一起，铺成一个临时出口。1958年8月17日这天，全村300多户，男女齐出动，推的推、拉的拉，直到傍晚，才好不容易将“水晶大王”从 8 米多深的坑塘中拖上了地面。当时围观的村民人山人海，密不透风，人们一拥而上，用手抚摩它，用脸亲近它，惊喜之状难以言表。石塘上下，人头攒动，人们一字排开，向上传递着散落的大大小小的水晶石。为了安全，柘塘农业社的干部安排专人用红漆把稍大的水晶石编上号，登记造册，逐块搬运到集体仓库，谨防流失。这其中，不足 50 千克的水晶有 1000 余块，重 100 多千克的 3 块，重 300 ~ 500 千克的 6 块，重 800 千克的 2 块，重 1500 千克的 1 块。这些“有名有姓”的水晶石重约 1.5 万千克，而其中千克左右的小水晶石则不计其数。

大石头由村里的民兵守护着，11 个人不分昼夜地轮流站岗。发现“水晶大王”的消息迅速报到了县里，县领导立即派干部到场指导工作，公安部门也增派民警负责现场保卫。由此，主管部门对“水晶大王”之重视，可见一斑。

大水晶让朱郭分社、柘塘联社、房山公社、东海县都热闹起来了。1958 年 9 月 1 日，县里派出两辆载重汽车，由县委办公室主任李聚宝带队，前往朱郭水晶塘现场，把“水晶大王”和另一块重约 1.5 吨的水晶

观音

分别装上车，运抵县城供人参观。

1958 年 9 月 4 日，苏联两位地质专家闻讯赶到东海观赏“水晶大王”。“专家要来了”的消息不胫而走。公社来人帮助村里安装了临时大喇叭，还架设了临时电话。同时安排许多人家摘下门板，竖在通往大水晶塘的通道两旁，贴上标语，欢迎专家的到来。

接待专家的地点选在当地学校。村民搬来房山中学的课桌，又从供销社抱来紫色绒布作台布。课桌上摆满苹果、葡萄和大前门香烟。回想起当时的情景，曾经参与接待的分社会计王希月至今依然十分感慨。

村民们的热情感染了两位专家，他们更想亲自到晶王的产地一探究竟。在主人的带领下，专家来到出土晶王的石塘现场考察。在看到追下 10 多米开挖的南北走向坑道时，专家通过翻译说：“这要是开始就从东西方向开挖，不是很快就可以挖到吗？”大伙听罢，忍不住笑了起来说：“还专家呢，谁还能先钻到地底下看啊！告诉你吧，这是顺着石龙一路追过来的。”风趣的回答把专家也逗乐了。

没几天，“水晶大王”照片被《人民日报》等各大报纸竞相刊登，“水晶大王”出土的消息迅速传遍

孔雀牡丹

国色天香

弥勒佛

全国。自此，“东海水晶甲天下”的名声享誉大江南北。

后来，在地质部长李四光及副部长何长工的亲自过问下，1958 年 9 月 5 日，这块重达 4.35 吨的“水晶大王”由东海县委书记刘昭诚护送进京，存放在当时筹建中的中国地质博物馆里。

1959 年 10 月 1 日，中华人民共和国成立 10 周年，亦是新建的中国地质博物馆开馆之日，“水晶大王”被作为第一批中华人民共和国成立后发现的自然宝物公之于世。

二、毛主席水晶棺与东海水晶

1976 年 9 月 11 日，毛泽东主席逝世的第 3 天，国家地质总局水晶处立即派特使火速赶到东海县，传达“一号任务”——根据党中央、国务院的命令，调运国内优质天然水晶为毛主席制作水晶棺！

制作水晶棺的用材要求极高，不仅要求没有丝毫杂质，每立方米还不能超过 2 个气泡。考虑到水晶熔炼后，制成大型板块需要多次试验，对水晶量的需求达到 30 多吨。如此之多的晶块要从数万块矿石中逐一精选出来，任务十分艰巨。

当时 105 矿的水晶库存不足，东海水晶又属于流沙矿，俗称“鸡窝矿”，大量的矿石需要现采。为此，县委决定紧急动员全县人民，共同完成这个任务。一时间，出产水晶的安峰、平明、房山、白塔、青湖、石梁河等十几个公社迅速行动，开始了一场空前的全民找矿采矿运动。青湖公社每天出动1000多人采石；石梁河公社14名社员在田头安营扎寨；房山镇芝麻大队党支部书记周克友和7名党支部委员，带领第四生产队社员日夜奋战，不畏辛劳，从一块农田里挖出了一窝水晶矿石，其中一块大水晶重达400多千克。

与此同时，105矿选矿车间的工人们也开始了夜以继日的奋战。选矿是技术性很强的细活，必须把粗选的毛料，用特制的小铁锤敲掉外皮，然后用肉眼凭经验去判断晶体里有无杂质，每块水晶都要经过选料人自查、矿里职工检查、质检人员抽查、入库时再查四道验收工序，反复挑选，层层把关，最后再经专家一一检验。

第一批任务是在6天之内选出5吨优质水晶。按照这一要求，工人们一天要干平日里5天的工作量。为此，105矿选矿车间连续6天6夜灯火通明，150多名选矿工埋头于200瓦的选矿灯下，精挑细选，顾不上睡觉，顾不上回家。选矿车间外也是一片忙碌的景象，200多名辅助工在进行粗选、摆放，给车间内送矿石，流水线操作有条不紊。

那些日子，大家饿了，由食堂送点饭来；困了，实在撑不下去了，就趴在工作台上打个盹。没有人讲价钱，没有人提报酬，矿里看大家加班辛苦，给每人每天补助5毛钱，然而没有一个人去领。

朱万珍动情地说："我们连续6个晚上没睡觉，因为毛主席逝世，大家太悲痛了，一边干活一边眼泪就哗哗下来了，我们真是太热爱毛主席了。车间里95%的选矿工人是女同志，时常一人哭带起一片抽泣声。"那几天，600平方米的车间里充满了肃穆的气氛，大家铆足了劲儿，为按时保质保量完成"一号任务"赶进度、争贡献。

终于，6天内，选矿工人加班加点选好了第一批5吨特级和一级天然水晶。这些水晶从白塔埠机场由军用飞机空运到北京。

第二批任务是7天内选出8吨优质水晶。时隔几日，第二批矿石也如期用火车运往北京。从1976年9月到年底，从东海用飞机和火车直接运到北京的特级和一

春风春雷春雨

地质春秋

东渡扶桑第一人

级优质天然水晶共22.2吨。此外，还运送了5吨水晶到上海新沪玻璃厂，5吨水晶运到锦州。

1977年5月24日，毛主席纪念堂工程现场指挥分部给东海105矿全体选矿同志颁发证书——“东海105矿选矿全体同志，在毛主席纪念堂工程建设中，你们以实际行动做出了贡献，特此予以表扬。”

1977年8月18日，水晶棺制成，移进毛主席纪念堂。8月19日晚上，毛主席遗体移入水晶棺。8月20日，开放瞻仰。105矿选矿车间主任袁兴权作为企业代表，在东海县委副书记姜其温的带领下，一行4人，应邀乘车北上瞻仰毛主席遗容。看到毛主席安详的遗容和晶莹光洁的水晶棺，回想起挑选水晶、赶制水晶棺的日日夜夜，人人心潮起伏，热泪盈眶。他们是东海首批瞻仰毛主席遗容的人，也是全国最早获此殊荣的人。之后，11月19日，国家地质总局组织第二批人员赴京瞻仰毛主席遗容，105矿普通选矿女工刘安英、乔其荣等荣幸前往。

30多年过去了，那一幕幕感人的情景都已铸成永恒的记忆。“水晶之都”东海人民倾情选材制作的水晶棺，将永远伴随着一代伟人流芳百世，光耀千秋。

三、“哈雷彗星”

1991年的夏天，虽然观赏石之风已吹到东海上空，但还未起一丝波澜。这天，牛山逢大集，东海县中学教师朱景强趁课余时间去逛水晶市场。他是教生物的，对大自然感情特别深，眼光独特。突然，他在一个摆满小水晶的摊子前停下，伸手捡起一块茶色小水晶。初看其貌不扬，但透过一侧绺口，看到里边有束金丝发晶，呈放射状排列，发光，抖动似触火，端部还有一块点状属于晶内包晶的白色晶体。震撼人心的美，奇妙！奇得让他爱不释手。“多少钱？”他问。“20块。”“12块。”他还价。成交。卖主看他匆匆离去，嘀咕一句：“傻瓜蛋子一个。”

朱景强可一点不傻，买下后他越看越觉得奇。他一直在思索：如果就这样原封不动，充其量也不过是一块小玩石，而且大部分被一层“皮”包裹着，难以全窥它的天生丽质和内部奥妙；如果去掉这层“皮”，还它庐山真面目，岂不更好些？然而将它做成什么呢？他又很费了一番脑子。打成刻面？雕刻成某件东西？所有这些都被他一一否定了。成功属于勤奋的探索者。最终，他决定利用它扁球状的原形，打磨成类似飞碟

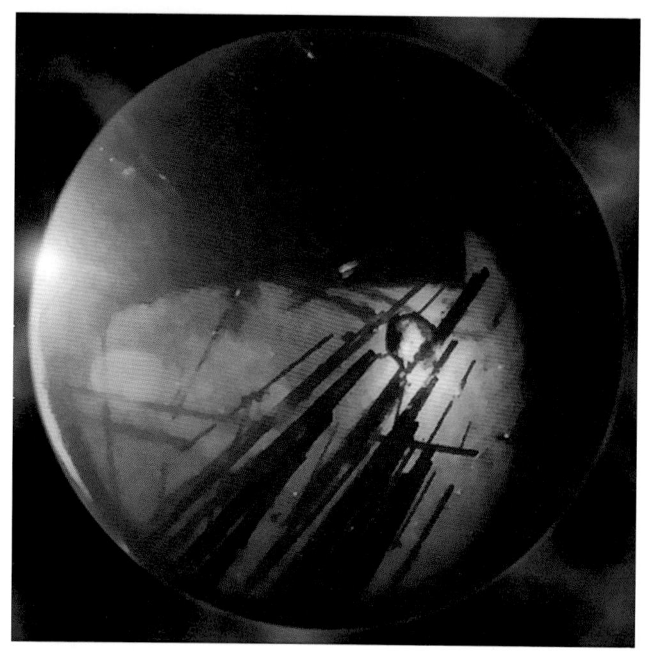

哈雷彗星

晶中晶

状的东西。

在打磨过程中，他意外地发现：位于晶丝的端部，有一块4毫米的白色晶体，矿物学上叫晶内晶，属二次结晶体。帮助打磨的人主张把这个晶内晶磨掉，朱景强没同意。他觉得这块晶内晶使本来稀奇的小水晶更稀奇了。这颗小水晶就像彗星的彗核，与呈放射状排列、整齐而闪闪发光的金发晶的彗尾构成了一幅类似于彗星样子的图案，真像是一颗尾巴带扫帚式光芒的星座，正划破苍穹，向无垠的太空急驰而去。再细看，水晶里是一束二次结晶体，一丝丝发晶如同焰火般闪烁，晃动一下，焰火越发耀眼。他端详了一个下午，一声大叫："哈雷彗星，这就是一颗哈雷彗星！"于是"哈雷彗星"诞生了。

好多朋友都说这是一个宝贝，但是能值多少钱，没人能说得清，那就让市场检验吧。

第一次被带到东南亚，标价300元，没人要，旅行几个月又被带回来了。第二次在郑州珠宝交易会上，一外商被这小小的晶体所吸引，出价6000元。第三次在北京国际珠宝交易会上，一位韩国珠宝收藏家出价1万美元，仍是没卖。

虎跃飞瀑

一块仅重200余克的小水晶，竟有人出到1万美元的高价，这在东海，顿时成了天字第一号的爆炸新闻。新闻界纷纷前来采访，《人民日报》《新华日报》《地质矿产报》等相继发表了报道。

在此之前，东海水晶除工业用途外，市场上大量出现的水晶制品是眼镜和项链等，水晶越纯越好，凡是有杂质的水晶都被当作垃圾丢弃了。自从“哈雷彗星”出现之后，每一块包裹体水晶都可能成为一幅美丽的画卷、一首动人的诗篇。一夜之间，包裹体水晶价格百倍、千倍、万倍地增长，水晶观赏石市场开始形成，并迅速发展。

东海水晶观赏石是东海人的一大创造！

东海水晶观赏石是水晶之乡东海县的一大特产！

东海水晶观赏石源头是“哈雷彗星”！

一石激起千层浪，许多东海人开始把前辈们不曾有的审美目光投向水晶，国内外许多把玩传统观赏石的老行家也把目光投向东海。东海成了水晶观赏石收藏家的乐园，东海水晶景石成了观赏石收藏家追求的新目标。目前，东海从事水晶观赏石经营的有5万人以上，水晶观赏石年产值达20亿元以上，约占水晶行

水晶雕刻异军突起

业总产值30%。

第二节　水晶传说

一、水晶仙子的传说

传说水晶仙子是东海龙王的小女儿，住在牛山脚下晶湖，湖西的白玉山神和马陵山神都想娶她为妻。这天，两位山神齐来求婚，水晶仙子说："两位兄弟请暂回，我想等到明年今日，看你们两位谁的个子长得更健壮高大，我就嫁给谁！"白玉山神想：为保百姓有水田种稻吃米，我得向上长高。他鼓足了劲，长啊长，顶峰直抵凌霄殿。玉帝生气了，抡起一巴掌就把白玉山打倒了。白玉山神想：我在哪里倒下去，就要在哪里站起来！他抖擞精神又往上长。马陵山神想：我得横着长，好让山民们多种植果木。他运足劲，直长到南北800里长。相约时间到了，白玉山神仍往高处长，玉帝又把他打倒。白玉山神还不甘心，又长到玉帝宝殿门口，遮住了太阳。玉帝更怒，又一巴掌下去，把白玉山打得粉碎，点点石头散落在仙湖边，再也聚不成山头了。仙子伤心落泪，当白玉山倒下时，伸开双臂敞开胸怀，把白玉山搂进自己怀里。玉帝震怒，一阵雷霆暴雨，把白玉山扫了个荡然无存，仙湖也只剩了个水洼子。仙湖周围落下了无数的水晶和石英石。老百姓说，这些都是白玉山神和水晶仙子的忠心和筋骨变成的。马陵山神见了，气得心肺都炸了，通身流血，就成了马陵山的赤色山石了。

另一个传说是：唐代，牛山西侧曲阳城赵二先生在海州算命，辛苦一年得了20两酬金。这一年除夕，他匆匆赶路回家过年，出博望门时看见有个老婆婆在地上直哼哼。赵二顿生怜悯，不由分说，把自己一年血汗钱分了一半给她，托人给她治病。其实，这是水晶仙子装成病婆婆来考察世上人心的。赵二摸黑急匆匆赶路，忽见一个白光火球从眼前飘起，把小路照得清清楚楚，赵二跟随着火球大步如飞。过了牛山，曲阳城头的灯光已清晰可见，鸡犬之声也阵阵入耳。这时，火球突然跳动了三上三下，火光里似乎有一个妙龄女子的身影颔首道谢，而后白光变成紫光，“呼啦”隐进牛山里去了。赵二回家与乡亲们一说，村里人都说：“你好心做好事，肯定是遇到水晶仙子了。她携水晶灯为你引路，那火球落地之处说不定会有宝贝。”大年初一，按照赵二所指，乡亲们果然挖到一块晶莹

杨柳观音

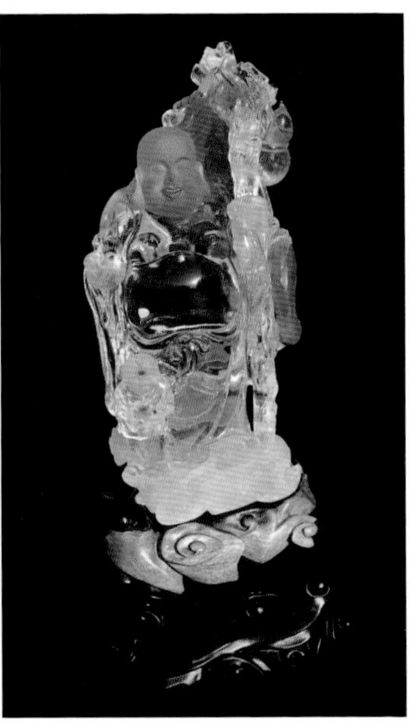
代代有福

剔透的大水晶石。后来赵二把水晶献给唐王，皇上喜爱这宝贝，赏给赵二一车金银。皇上还令东海能工巧匠马待封到京城，专门制作水晶工艺品，轰动了京都，激发了唐代许多诗人来吟诵水晶。

还有一个传说，是说远古的时候，东海房山上有个山洞，洞里住着一个孤苦的小伙子，名叫泉郎。天上有个小仙女，经常往房山一带观景。时间长了，她看到泉郎忠厚老实、勤劳本分，靠打柴和开荒为生，渐渐起了恻隐之心。见他种在山石间的庄稼枯黄了，就偷偷洒点雨；见他开荒掀不动大石头，就偷偷帮助一起干。日久生情，他俩相亲相爱结成夫妻。山坡缺水，当地百姓的收成不好，小仙女于心不忍，趁元宵解禁之时，请来天上几个小伙伴帮忙，在房山的坡上打了两口井，这就是如今的“上泉”和“下泉”。夫妻俩又帮大家整地、修渠、浇灌。于是，老百姓有了一个安定的生活。好景不长，王母知道了这件事，派天兵天将把小仙女抓回了宫中。小仙女望着东海的丈夫和孩子，日夜心流血、眼流泪，点点滴滴飘洒在房山周围，这些血和泪凝成了晶莹的水晶。泉郎的后代子孙们，在平时耕田、挖地、掘井、扒河时常常会挖到水晶，或多或少，或大或小，

罗汉

千手观音

取之不尽。虽然发不了大财，倒也能补贴日常生活。

二、晶牛传说

老人常讲牛山镇山神牛是头水晶牛。有一年大旱，牛山脚下瓜老汉种的五亩地西瓜，只保住了一个超级大西瓜。老汉视瓜如子，侍弄看守。这天，邻村财主烂膏药来了，说要买瓜。瓜老汉推说瓜没熟，冲他一句："只怕你买不起！"烂膏药说："就是一斤金子一斤瓜，我也买得起。跟你说定了：9天后我来，一手交瓜，一手交钱。"

瓜老汉犯了难，他不想把自己精心培育的西瓜卖给烂膏药这样的财主。到了第八天晚上正犯愁时，忽听到一声叫唤：瓜老汉，瓜老汉，喝你瓜汁我抱歉。拼死不落官府手，劈瓜伤我我不怨！

瓜老汉寻声望去，声音来自那个大西瓜。原来是牛山晶牛因为大旱找不到水喝，饥渴难耐，就钻进西瓜的肚子里去喝西瓜汁，被西瓜困住了，出不来，就向老汉求援。

第二天清晨，烂膏药已带人来到瓜地，他想靠大西瓜进贡弄个一官半职。事情危急，瓜老汉只好举刀砍瓜，"轰隆"一声，一道金光从瓜里射出来，照得牛山闪烁。一头耀眼的晶牛奔了出来，朝老汉磕头："瓜爷爷，地里遍地是晶豆子，收吧！"烂膏药喝令手下围捕晶牛，瓜老汉掌掴了牛屁股一下，喊："还不快走！"只听晶牛"哞"的一声吼，对准烂膏药的胸口撞去，朝牛山飞奔。只见牛山金光一炸，晶牛一头钻进山肚里去了，满地火光闪耀。瓜老汉找来铁锹一挖，全是亮晶晶、水灵灵的石头。乡亲们知道脚下埋的是值钱的水晶石，都来挖，子子孙孙一直挖到如今。

还有一个传说，古时候，牛山脚下有户人家只有姐妹俩，靠刨岗地种庄稼过日子。平时刨地，中午只能啃煎饼喝凉水。这天，刚要吃饼，来了个白发老人，见饼馋拉拉的样子，姐妹俩撒谎说："我们吃过了，饼给你吃吧！"老人二话没说接过饼走了。接连3天都是这样。这天傍黑时，姐妹俩刨地刨出个晶莹剔透的小喇叭。那个老人又来了，说："这牛山里有九头水晶牛，这只小喇叭是开山的钥匙，夜里听见山里呼啦啦响，山眼里会射出道金光来。你把这喇叭插进山眼里，连念三遍'牛山晶牛呼啦啦，开山用我这小喇叭'，山眼就开了，进去牵头晶牛，够你家一辈子吃不了用不完。这钥匙千年一现，一显灵光管一夜，天一亮就没用了。记住，这喇叭不能乱吹，一吹晶牛就变成活牛，冲出山眼会四下乱跑。”姐妹俩抬头望时，老人不见了，心想可能遇到神仙了。两人商量怎么开山牵晶牛。妹妹说：“我们吃尽没牛的苦处，不如开牛山，吹喇叭，把九头晶牛都牵给乡亲们耕地。”姐姐说：“好！”姐妹俩不顾天黑路不平，围着牛山手拉手转圈子。牛山高不过几十丈，围不过几十里。姐妹俩转到五更头，听到山肚里呼啦啦响，现出个手指粗的山眼子放出道金光来。妹妹把喇叭插进山眼里，姐姐念着歌诀，待山眼成为山门时便闪身进去了。妹妹抱着喇叭吹起来，也进去了。九头晶牛都活了，伸腰抖毛，一齐顺山眼子朝外冲，挤挤拱拱，哪个也出不来。当第一头牛角伸出山眼时，天已大亮，山眼子慢慢地要合起来了。姐妹俩急坏了，用力推着牛屁股。乡亲们知道都跑来了，帮着扳牛角、抓牛皮、拽牛毛。牛山东北角现出来的牛头，后来被采石毁坏了。那些后来拽下来的东西都成了水晶，牛毛变成了水晶中的牛毛晶，又叫发晶，挺珍贵的。山眼合拢时，姐妹俩再也没有出来。只是那只喇叭后来开了朵鲜亮的喇叭花，大家都叫它牵牛花。有人说牛山水晶仙子其实就是善良的姐妹俩变的。

女神与天使

三、东海水晶轶闻

话说东胜神洲境内有一座仙山，纵看，孤峰独耸，形似房子，故名房山；横看，三峰两凹，绵延数里，形似笔架，又名笔架山。此山，松青柏翠，怪石嶙峋，鸟语啾啾，花香四季。山上有两泉，一名上清泉，一名下清泉。上清泉四季如汤，又名温泉；下清泉清纯甘洌，又名冷泉。两泉交汇处，波光粼粼，形成一湖，湖水能饮，能洗，能浇灌，相传能治百病，真是个名副其实的仙山美境。

一日，水晶仙子一路寻来，见此处风景十分称心，按下云头，在此驻扎修行，不觉已过3年。一日，仙子在上清泉边沐浴，与山下砍柴的樵夫不期而遇，躲避不及，只得藏身泉中。再看那樵夫，身材魁梧，满脸忠厚，不觉心生爱怜。樵夫也被仙子的姿色所迷，两情相悦，暗定终身。

这事不知怎么传到天蓬元帅那里，天蓬元帅醋意大发，心想：我堂堂天蓬元帅，连仙子的身子都近不得、话也说不得，一个山野村夫、砍柴的小子竟要娶仙子为妻，可恶、可恼！便将这事报告给王母娘娘。王母一听，这还了得，这不是坏了天规？就在仙子和樵夫举行婚

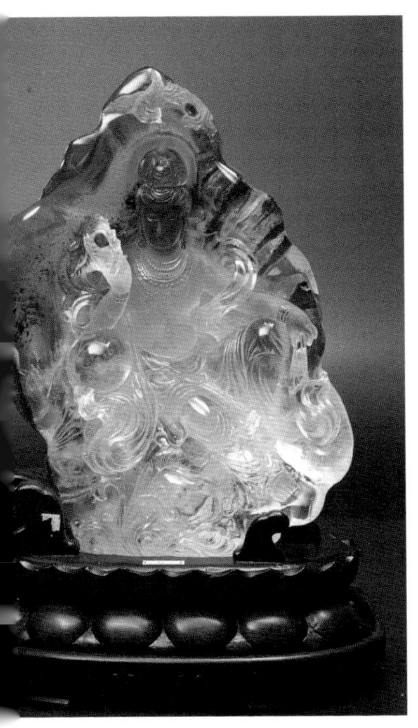

自在观音

宝宁寺观音

菩萨组图

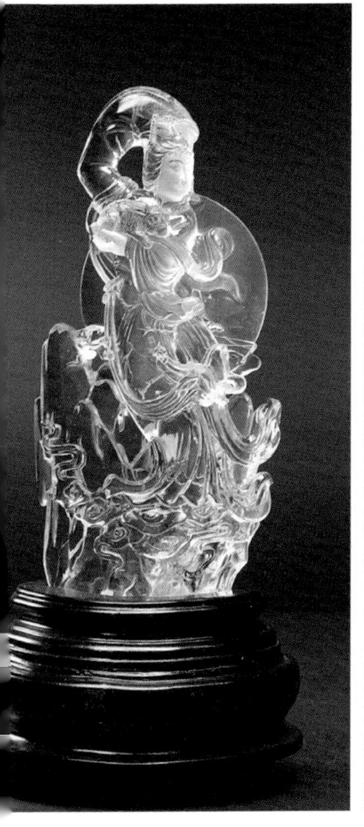

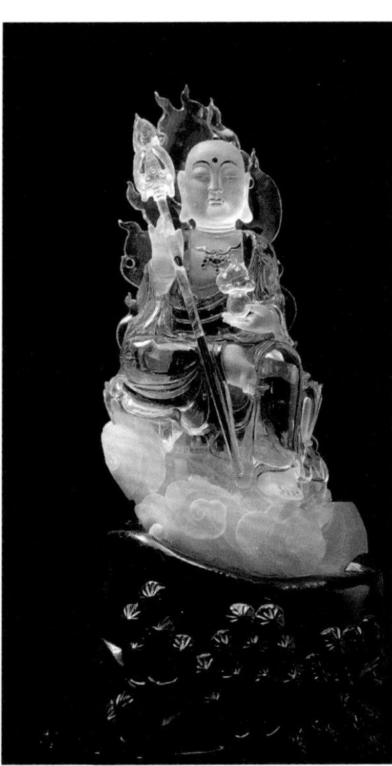

礼的当天，派了天兵天将，将仙子押回天庭。一路上，仙子泪洒成雨，雨到之处，点石成晶，房山周围百里，水晶遍地。那水晶大的如黄牛，小的如蚕豆，有棱有角，通体透明，真乃稀世珍宝。

东海龙王听说房山有水晶，这可是宝贝。就令虾兵蟹将前去偷采，在龙宫造了一座水晶宫。那水晶宫晶莹剔透，霞光万道，瑞气四散，可与玉帝的凌霄宝殿媲美。龙王喜之又喜，爱之又爱，整天在水晶宫里吃喝玩乐，逍遥自在。忽一日，有虾兵来报，说宫外来了个猴子要求造访老邻居。龙王问："哪里来的老邻居？"虾兵说："是花果山人氏，叫孙悟空。"龙王满腹狐疑，怎么也想不出有这么个邻居，看来不是什么上仙，就端坐在龙椅上，傲气十足地说："带上来！"猴子看到龙王爱理不理的样子，心中甚是不快，抱了抱拳说道："老邻居，打扰了！今天俺来不为别的，就想在你这讨件兵器。"龙王心想，一个猴子能拿得动什么兵器？于是，大夸海口："想我东海龙宫，别的没有，要论兵器，应有尽有，就怕你拿不动、拿不走！"那猴子在虾兵的引领下来到龙王的兵器库，这里刀枪剑戟、斧钺钩叉，寒光闪闪，猴子一阵狂喜。

韦驮

福寿如意

地藏菩萨

自在观音

观音

自在观音

但试来试去总觉太轻，连那四万八千斤重的方天画戟也觉得不称手。龙王恼羞成怒，想这猴子，身不过百斤，能有多大能量，还能拿起我的定海神针不成？于是，牵着猴子的手，来到定海神针面前，让猴子一试，并说："这神针如果你拿得动，尽管拿去好了。"谁知那神针能大能小、能粗能细，重如东岳泰山，轻如绣花细针。猴子满心欢喜，将神针藏匿袖中。这一藏不要紧，顿时，山崩海啸，天旋地转，吓得那龙王赶紧躲进水晶宫，急令龙子龙孙、虾兵蟹将别让猴子将定海神针抢走。猴子一时性起，挥动神针金棒，打得那虾兵蟹将丢盔弃甲，血肉模糊。猴子杀红了眼，高声大骂："龙王言而无信，出尔反尔，是何道理？"这一路竟打到水晶宫，将那宫殿砸得粉碎。

水晶是有灵性的，那些被孙悟空砸碎的水晶碎片竟化作一片片雪花飘到房山周围，重回故里，在这里孕育繁衍，养育了如今的水晶之都。

第四章

水晶民俗

第一节 寻“火苗”习俗

自古以来，生长在东海这片土地上的人们，笃信水晶是有灵气的，人们对水晶的崇拜不亚于天上的太阳。人们相信，天上的太阳、地下的水晶都是神圣之物，能够给自己带来吉祥和好运。人们还相信，与水晶有缘的人在夜晚能够看到水晶发出的“火苗”，通过“火苗”就可以找到水晶，并且，“火苗”越大，水晶就越大。

东海县凡是水晶产地都有出“火苗”现象，特别是每到除夕夜间，人们不在家里守岁，而是到野外转悠，看有没有财气，能否碰上水晶出“火苗”。后来，

一鸣惊人

硕果累累

挖水晶者，长年累月在夜间到田里静观“火苗”，有时也确实会碰到“出火”现象，白天按图索骥就会挖到水晶。据说，“水晶大王”出土前一个多月，曾经出过“火苗”。那是7月初的一天，房山镇柘塘村一个卖油郎晚上回家，经过“水晶大王”藏身地块时，看见路旁许多火星跳动，随风飘舞，或上或下，或左或右。他被吓得迷了路，天蒙蒙亮才摸到家。第二天，跟人说起这事，有“老水晶”对他说：“这差不多是水晶显灵哩。”大家拿起锸锨就到“出火”的地方挖，倒也挖出了一些水晶，但这次没碰上“水晶大王”，“水晶大王”离这儿不远，可能是同属于一条石英脉。有人说，卖油郎那夜看见的“出火”，实际上就是“水晶大王”出的火，“出火”和出水晶的地点并不一定是完全一致的。有些地方寻找晶宝的人，一旦遇上夜里水晶“出火”，往往用预先准备好的妇人衣裤“掩住”出火的地点，据说是阴气相招，水晶就不会溜走。看来，水晶是喜阴柔的，是不容硬碰，碰就碎给你看。

水晶“出火”的事，东海县各处说法大同小异。房山芝麻坊人说，有一年一块高粱地里水晶“出火”，黑夜里都能看清成熟的高粱梢，后来在这里果真挖出了大水晶。

水晶“出火”到底是怎么回事呢？原来，水晶主要产于石英脉的晶洞中，经地壳变动和风化剥蚀作用，逐渐移至地的上层，或暴露于地表。地壳运动不断发生的表现之一，是地应力变化，也就是产生地壳的横向压力。水晶有个“怪癖”，当受到一定压力时就会产生电流，使水晶两端带电，电压较高时就会产生振荡，这叫水晶的压电效应。水晶能得以在高科技上广泛应用，正是它具备压电效应功能所致。在地应力的作用下，地下的水晶产生压电效应，会使附近地表空气发生变化，地应力越大，压电效应越强。当空气变化到一定程度时，就会发光，显出“火苗”的现象。

第二节 “见眼有一份”习俗

东海人历来就有这样的习俗：一个人捡到无主的钱物，如果当场被别人见了，这见者就能享有一份。挖水晶也同样有此习俗：有人挖到大水晶，若熟识的人见到，便是有缘分，此人即可不离开塘子，或形式上帮个忙，就可以得到一份钱。有些懒汉和地痞竟钻“见眼有一份”习俗的空子，专干拿“缘分钱”的事。挖

金玉满堂

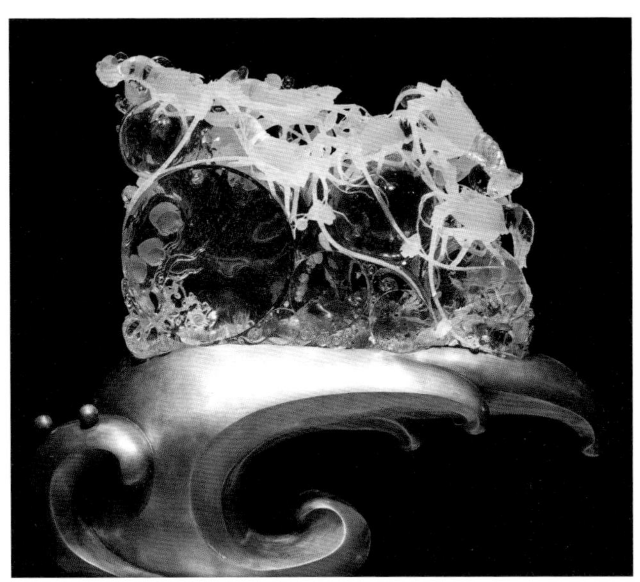

金玉满堂

龙龟

水晶的人来头大的都不理他，而弱小者不敢得罪懒汉、痞子，挖到大水晶时，见他们来，赶紧用虚土把水晶掩埋好，待他们走后，再把水晶挖起。民风好的地方，这种懒汉、痞子一般不存在。据说水晶是活宝，有些贪心的人挖到水晶不想与别人分享，见人时就将水晶掩埋，待人走后再刨时，水晶往往会“走”得不见踪影，让人空自欢喜一场。不得不说奇吧！

第三节　“挖份子”习俗

无地的穷人可以趁冬闲时借挖别人家的地，挖到水晶后按地、人二八分成；挖不到水晶，由挖晶人将地平整好就两清了。这倒也公平。据说，挖过水晶的地，过个年把倒肯长庄稼呢！

第四节　“蹲塘崖”习俗

可能过去没有水晶专卖市场，加之东海有“小民不事商贾”的传统，因此东海农民新挖的水晶多数在塘口出售，由蹲在塘崖的坐地商当面成交。以斤两为交易基础，按质论价。这些坐地商多数是上海、苏州、北京的人，极少数是当地人。据说，这些“蹲塘崖”

鲤鱼跳龙门

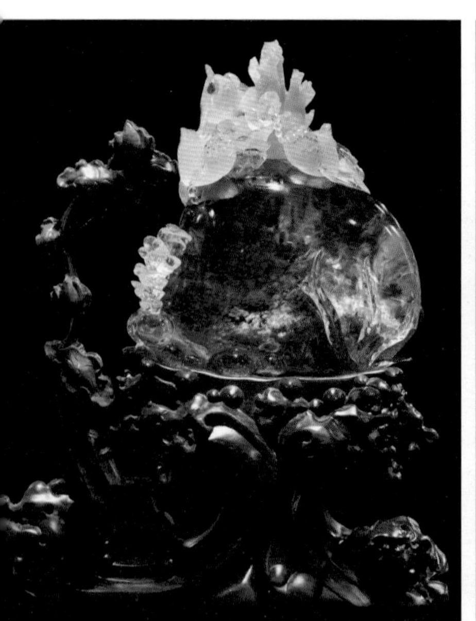

年年有余

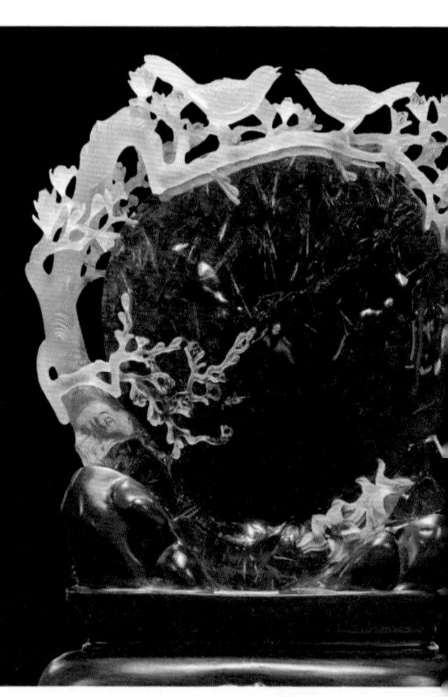

花好月圆

的商人都是水晶行家，他们都发了大财。

第五节　水晶行话

隔行如隔山。水晶“行话”，既不同于黑道的暗语，更不同于古代隐语，反映了水晶产业的悠久历史，又往往带有鲜明的地域性，同行人听了倍感亲切，外行人听了则不知所云。

水晶分散在一条线上，线上聚集着一个个“鸡窝矿”，许多地方的人称之为“坑”，东海一带称为“塘子”。水晶状似马牙，有称“马牙”的，如房山的水晶塘又称“马牙塘”。横断面剖视“塘子”，通常有4层土石结构。扒去深浅不等的浮土层，有一层白土，往下有一层黄泥，再下有一尺多厚的岩层，当地人通称“石篷”或干脆叫“篷”。长条的篷子又叫“石龙”，水晶一般在石龙的阴面，见了石龙再找石路子。石路子有两种：一叫明碴路；一叫狗牙路，曲折断续。石路子上有灰紫色“胭脂泥”，又叫“烟子”，俗称“石屎”，它实际上就是水晶的幌子招牌，揭开“胭脂泥”这层面纱，就可见到水晶了。

鉴别水晶质地，也有一套行话。按水晶质量优劣

飞黄腾达

硕果累累

分为五等，又叫“五支”，即头支、二支、三支、四支、末支；有的称“五花”，即微花、一花、二花、三花、大花。一花的瑕玷，用10倍放大镜能看到水晶体中一两个小白点；三花为三四点；大花用肉眼也可看到棉状物。

附在水晶表面或含于晶内的杂质，一般叫瑕疵、瑕玷。罅隙呈云雾状的，一般叫它为“绵”；晶体透明度差的称作“没水头”“地子闷”“干”；无瑕者称“錾子”“全美”；莹澈的晶体称为“水头足”“地子灵”“玻璃地”；水晶裂纹和孔隙叫“破”或“绺”。

初出土的水晶其貌不扬，表面往往由于受到风化侵蚀而显得粗糙不平，有时被一些铁、铝等氧化物所覆盖，这些东西称为“皮”。珠宝商为了弄清水晶真面目，常用特制锯条刓个窗口察看内部质量，此称“开门子”。开过的料子至少出现一个平面，行话叫“砣面”。无色透明的水晶被打磨成刻面形宝石时，由于面的分割作用及从不同面上透射出彩光，这种彩光俗称“火彩”。水晶的抛光工序叫“上亮”或“光亮”。将水晶镶嵌在戒指面上叫作“坐”。水晶饰品由于摩擦变得模糊，通常称“起毛”。

别看水晶业的行话晦涩难懂，它却能帮助人们在众多的行业中寻觅到知音，同时又给行业秘密抹上一层保护色。

第六节　水晶灵性

要说水晶有灵气，东海人都信。水晶要是没有灵气，当年轰炸“水晶大王”的那三炮当中的一眼哑炮若是响了，哪里还有水晶大王？平时，人们常怀揣小水晶当作护身宝贝。传说水晶有“灵性”，只给穷人度命活口，不让富人发大财。庄稼人常常在建房、打井、挖土时挖到水晶，够填一点饥荒。按他们的说法，这是“缘分大”。有缘的人，夜里能看到火苗，那就有希望过点好日子了。无缘的人，即使挖到了水晶跟前，一时耐不住性子，扛起钗锨走了，则一无所获。传说有一个妇人路过塘口，见塘底无人，早就憋了一泡尿，跳下塘里就撒，一块黑黝黝的大水晶就被冲了出来。这不是缘吗？细想来，水晶是不可刻意追求的。

西方和东南亚国家及我国港澳台地区一些学者，从东方传统文化和西方流行文化角度研究，认为灵性万物皆有，崇拜无处不在。古往今来，在大自然中，竟由对水晶宝石的崇拜，演变为对日月星辰的崇拜。但其崇拜的核心仍是水晶宝石的灵性。

各种水晶的寓意和灵性作用：

白水晶：提升灵气，纯洁无私。

茶水晶：固本培元，庄重稳健。

黄水晶：健胃顺肠，主招偏财。

紫水晶：高贵浪漫，开发智力。

红水晶：爱情甜蜜，事业旺盛。

粉水晶：养气健体，爱情如意。

绿幽灵：扩展事业，增强财运。

绿发晶：助益事业，财源滚滚。

金发晶：能谋善断，大吉大利。

红发晶：增强体能，鸿运当头。

黑发晶：消灾除患，排除病气。

钛　金：提升胆识，好运当头。

紫晶洞：凝集气场，聚财旺财。

水晶球：圆圆满满，有求必应。

水晶柱：放射能量，功率卓越。

紫黄晶：万事协调，风调雨顺。

白晶簇：聚集灵气，镇宅辟邪。

雕刻品：聚磁力场，改善家运。

第七节　生肖与守护石

岁月的舞台每年一启一落。子鼠值岁，丑牛接班，寅虎继任，卯兔候补，不断循环。此生肖，彼属相，十二年一登台，十二岁一循环。作为民俗中的生肖文化，十二生肖与我们每个人都有直接的关系。生肖文化作为我们古老民族最传统的民俗文化，在东海水晶文化中也占有重要地位。

民间对十二生肖与幸运水晶对应如下：

鼠：（男）绿幽灵、茶晶；
　　（女）紫水晶。

牛：（男）紫水晶、黄水晶、绿发晶；
　　（女）绿幽灵。

虎：（男）黑水晶、黄水晶、虎睛石；
　　（女）黄水晶、绿幽灵。

兔：（男）黄水晶、金发晶、绿幽灵；
　　（女）黄水晶、绿幽灵。

龙：（男）黄水晶、白水晶；
　　（女）粉水晶、紫水晶。

蛇：（男）茶晶、绿幽灵、黑发晶；

（女）粉水晶。

马：（男）金发晶、白水晶；

（女）紫水晶、发晶。

羊：（男）茶晶；

（女）绿幽灵、紫水晶、红碧玉。

猴：（男）黄水晶、茶晶、金字塔水晶；

（女）金发晶。

鸡：（男）金发晶、茶晶；

（女）紫水晶、发晶。

狗：（男）发晶、绿幽灵；

（女）紫水晶、粉水晶。

猪：（男）发晶、黑水晶；

（女）紫水晶、粉水晶。

第八节　水晶与星座

星座是西方的一种文化，西方的星座和我们中国的属相是一样的。水晶以其丰富的文化特性，早已与星座文化相嫁接。目前，与星座对应的水晶品种如下：

牡羊座 ARIES（3月21日～4月10日）

幸运水晶：红发晶、紫黄晶

金牛座 TAURUS（4月20日~5月20日）

幸运水晶：绿幽灵

双子座 GEMINI（5月21日~6月21日）

幸运水晶：黄水晶

巨蟹座 CANCER（6月22日~7月22日）

幸运水晶：白水晶

狮子座 LEO（7月23日~8月22日）

幸运水晶：发晶

处女座 VIRGO（8月23日~9月22日）

幸运水晶：绿发晶

天秤座 LIBRA（9月23日~10月22日）

幸运水晶：金发晶

天蝎座 SCORPIO（10月23日~11月22日）

幸运水晶：钛晶

射手座 SAGITTARIUS（11月23日~12月22日）

幸运水晶：紫水晶

摩羯座 CAPRICORN（12月23日~1月19日）

幸运水晶：茶晶

水瓶座 AQUARIUS（1月20日~2月19日）

幸运水晶：紫黄晶、绿幽灵

双鱼座 PISCES（2 月 20 日 ~ 3 月 20 日）

幸运水晶：粉晶

第九节　水晶与保健

水晶借天地之灵气、日月之精华，锻炼出冰清玉洁之质，五颜六色之容，可谓澄净秀雅，独具灵性魔力。它既是财富和美的体现，又是圣洁与吉祥的象征，在美化人们生活，保护人们健康以及对情绪、心理和事业的积极影响上，越来越被人们所认知。

史籍记载，我国早在西汉时就开始用水晶给人治病。东晋医学家葛洪在《抱朴子》中称水晶可治寒症，并说水晶是仅次于丹砂的“仙药”。明朝李时珍的《本草纲目》记载，水晶能“安心明目，去赤眼、熨热肿、摩翳障”、“益毛发、悦颜色”。《矿物草本》《简要济众方》《千金翼方》等古今验方中，也都有用水晶治病的方剂。

世界上许多国家的人们也相信水晶有医疗保健等方面的神奇功效。例如，美国人利用水晶具有电磁场的特性，建起了水晶诊所。许多美国人都喜欢在衣服

狮子滚绣球

口袋里放一块水晶，用来稳定情绪。日本人家中喜欢陈设水晶球，他们认为水晶里面隐藏神灵，可以预测未来。罗马教堂的主教在举行典礼时常佩戴紫晶戒指，用水晶杯盛酒，以示祛邪。也许正因为水晶具有这种灵性功能，日本和瑞士选定水晶为国石。

现代科学研究也证明水晶具有一定的磁场和能量，对人的身心健康有一定补益，对一些疾病有独到的疗效。随着科学技术的发展，水晶的灵性功能将会得到更多的科学解释，其医疗保健作用也将得到更好的开发和利用。

白晶类：白水晶，又叫透明水晶，是水晶中最具代表性的品种。人们通常说的水晶，大多指的就是这类水晶。白水晶象征着平静、和谐与纯洁，它可使人们提高灵气、开放心胸、和平精神、清晰头脑。我国古代医学家认为白水晶味甘、温，无毒，入肺、肾、心经。治肺寒咳喘、阳痿、消渴、心神不安、惊悸善忘、小便不利、黄疸等症。南非产的白水晶能治不孕症，巴西的白水晶猫眼石治贫血、脾、胰腺和大肠疾病，也能作为关节炎的辅助治疗。

白水晶晶簇：这种水晶原石能净化居室四周的负

梅山

福禄寿禧

能量（即俗称的病气、邪气），是一种能量的聚合体，具有较高的灵性作用。晶簇越大，向上的晶簇越多，且有主峰者，其能量越大，祛病力越强，灵性越高。

白色幻影水晶：水晶在形成过程中，包含了白色的火山泥灰，看起来像白色的幻影，故人们称它为白色幻影水晶。白色幻影水晶能吸收人体内的病气，使人常葆健康，是难得的天然“健身器”。

紫晶类：紫水晶，简称紫晶，是指呈淡紫、紫红、深紫等颜色的水晶。古希腊人认为用紫水晶做杯子喝酒，能使人不醉，因此又称紫晶为“不醉石”。紫晶是水晶家族中最高贵最美丽的一员，它能直接影响人的右脑，协助激发个人的潜能，提升灵性，开启更高的智能。科学研究发现，将紫色的频率对应顶轮，有镇定安神功效，其精纯细致的能量令人如沐春风，有利于开发智慧，帮助思考，集中精神，增强记忆力，提高大脑的灵活力，很适合脑力劳动者消除疲劳，提高工作效率。我国在西汉时就开始用紫水晶治病。三国时，神医华佗的学生吴普所著《神农本草经》记载：紫水晶“味甘温，主心腹咳逆邪气”，治“女子风寒”，“绝孕十年无子，久服温中，轻身延年”。紫晶块摆放于电视机、电脑附近，可抗衡电子辐射，这无疑对人的健康有益。

紫晶洞：又称紫晶母体。紫晶洞内部晶尖密集，彼此能量共振，有凝聚宇宙能量的特性。可凝聚室内正气，改善室内风水，是最难得的“风水石”。在公司、单位，紫晶洞要放在大厅的屏风前或是通道动线的末端，能够汇聚人气；放在住宅可辟邪防煞，又可凝聚财气，保财运亨通。若是与白水晶簇或白水晶球一起摆放，调节气场的效果更佳。

粉晶类：粉水晶俗称粉晶，又称芙蓉晶、蔷薇晶、玫瑰晶。粉水晶气场属于粉红色的宇宙光，色彩温馨，是开启心轮、促进情感发达的宝石，故粉晶又称“感情之石”。粉水晶是亲和力的代名词，广义指人缘、公关，可以广结人缘，开拓人脉，改善人际关系，增加和谐性、包容性与亲和力，并招来生意缘分；狭义代表高洁坚贞的爱情，常被作为情侣的定情石，象征爱情的粉晶，可帮助人们勇敢地追求爱情、把握爱情，使人恋爱顺利，婚姻美满，从而一生享受幸福。

黄晶类：黄水晶简称黄晶，是指呈浅黄、黄、橘黄、金黄等颜色的水晶晶体。天然黄水晶极少，特别珍贵，市场上的黄水晶多是采用人工优化的手段将其他颜色的水晶改变而来的。黄水晶中的黄色光频能带来偏财气，可以创造意想不到的财富，是从事商业、服务业的公司、商家不可或缺的招财宝石，有催财的功效，所以被誉为“财富之石”。黄水晶主脐轮，有消除紧张情绪，增强自信，帮助胃肠消化系统的功能。

黄晶洞：黄晶洞是因为紫晶在地下特殊环境下受热而形成，上品者呈金箔色或微橘色，晶莹夺目，颇具王者风范。不过现在市场上见到的黄晶洞不少是人为地将紫晶洞加温而改变成的。黄晶洞除具有辟邪能力外，也有强化胃肠功能的灵力。

烟晶：又叫茶晶，颜色呈烟黄色、灰褐色、棕褐色。西方认为：烟晶的能量比较深沉、稳重，有稳定及平衡作用，其磁场是往下引导，初始感应不强烈，但是后劲十足。对于脾气不好、情绪起伏不定、过于好动的人有稳定平和作用。烟晶能及时释放积压在人体内的过剩能量，排斥浊气，增强免疫力，活化细胞，恢复青春，有返老还童之功效。烟晶还有能帮助人们提高对事物的分析、把握的能力，使人们不断提升品位和魅力。

蟹趣

雄鹰

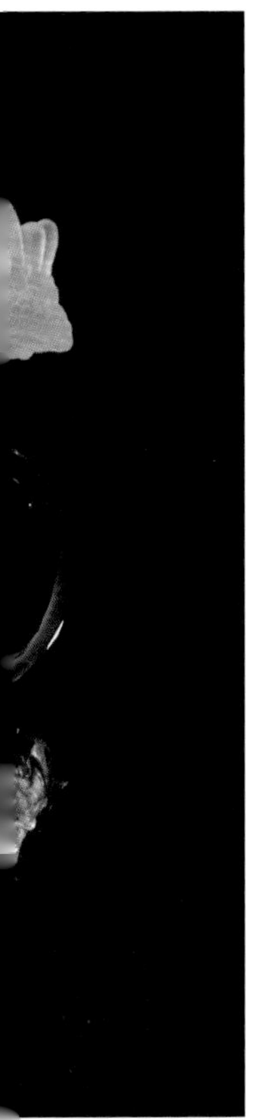

鱼趣

骏马

墨晶：呈茶墨色甚至几乎黑色的墨晶，可以强化海底轮（脊椎骨尾端），调解血脉，促进生殖能力的发达，有助于性功能的加强。有妇女病或男性性功能不足的人，可运用其磁场能量达到强体之效果。戴茶墨晶眼镜，可以保护眼睛和治疗眼病，这一点人尽皆知。

绿晶类：绿水晶是指呈绿色、黄绿色的水晶晶体。这种水晶在自然界相当少见，可谓稀有品种，极其难得，其价格自然十分昂贵。绿水晶有较强的祛邪聚财和成就事业的作用。

绿色幻影水晶：水晶在形成过程中，包含了一些绿色的火山泥灰，看起来像绿色幻影，所以人们称之为绿色幻影水晶，也叫绿幽灵水晶。绿色幻影水晶可以增益事业，创造财富。因为宇宙能量是以光体出现的，其中绿色光体能加强事业上的财富能量，其频率与绿色幻影水晶接近，拥有它就如同拥有高度凝聚财富的力量。绿色幻影水晶主正财，是代表因辛勤努力而积累的财富，能启发开创事业的灵感，使人能够抓住机遇，特别适合干大事业的人拥有。对有智慧的经营者而言，它可将短暂的财富延展为恒久的资产。

发晶类：包含针状或丝状矿物的水晶叫发晶。常见的有黄发晶、红发晶、绿发晶、黑发晶和金发晶等品种。发晶的气场能量极强，除了能辟邪外，还可增强人体生物气场，去病气，对筋骨、神经系统也有帮助。发晶代表刚毅果断、勇往直前和坚忍不拔的能量，最适合军人、企业家或有心开创大事业者，也适合随时准备迎接挑战的人们。

黄发晶：晶体内含有黄色针状金红石内含物的水晶叫黄水晶。西方人称之为“维纳斯之发”，东海人也称其为“维纳斯发晶”。黄发晶中的黄发矿物元素增强了原有水晶的振荡频率，适合精神不振、毫无活力的人。如果睡眠始终无法满足，精神不能集中，就需要黄发晶补充磁场能量。黄发晶极具权势象征，可加强个人信念、自信心和决断力，给人以勇气去完成看似不可能完成的任务和工作。对于胆小、怯懦、缺乏自信心者，黄发晶可增其胆量，树其信心。

绿发晶：在晶体中含有绿色针状阳起石内含物的水晶称之为绿水晶。绿水晶与其他发晶一样，气场极强。除了能辟邪外，可增强人体生物气场，更为重要的是，其特有的绿色与财富联系密切，能吸纳财富，是稀有

貔貅

水晶球

的“财富之石”。

金发晶：在晶体中含有金丝状自然金的透明水晶叫作金发晶。金发晶产量极其少，质量上乘者更是可遇不可求，实属罕见与难得之宝石。在阳光或灯光照耀下，金发晶金光闪闪，灿烂夺目，真是人见人爱的珍宝，赏心悦目自是不必说了。

水晶球：水晶球的球体本身就代表一种圆满，而圆满正是所有宗教、科学、哲学及人生追求的最终目标。中国有句成语叫“有求必应”，所以很多人取其谐音，在自己的居室或办公室摆放圆润、晶莹的水晶球，借助水晶球来集中自己的精神，从宁谧无念中用直觉去判断世情。还有人认为，白水晶球能聚集宇宙能量，改善人体气场，启发灵性，帮助冥想，促进血液循环和新陈代谢，平衡身体内分泌系统，强化免疫系统，消除疾病。

水晶饰品：天然水晶饰品不仅色泽和质地都非常美丽，而且它的频率能与人体产生共振，产生神秘的能量，进而改善人的生理与心理，达到身心健康之效。水晶中含有许多对人体有益的微量元素，如铁、锰、钛、锌、钴、硒等，长期佩戴水晶饰品或持久使用水晶枕、

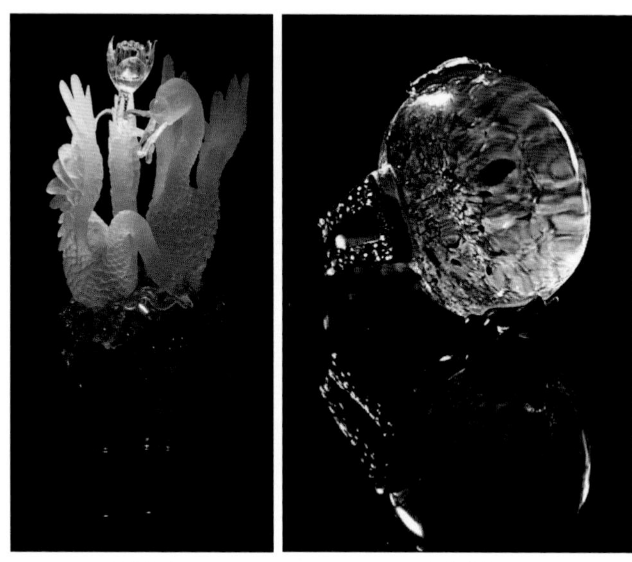

百年好合　　水晶戒指

席、垫之类寝具，使水晶与人体频频接触，经常摩擦，晶石里的微量元素会沿着毛细孔汗腺浸入人体，有利于促进体内微量元素平衡，使身体各部分更加协调。西方人笃信，适当地受到水晶光芒的照射，能使人变得年轻。中医学认为，若将水晶项链之类的饰品坠置于胸前经穴，贴近“龙颔”“神府”等穴位，使体表反应点和循经传导的感应现象产生尤为理想。因为穴位是躯体脏腑、经络之气血输注于体表的部位，它兼有防疾与治疗作用。另外，颈项、咽喉等部位与生殖系统经脉相通，颈部常戴水晶饰品，可刺激生殖系统健康活动。在欧洲，流传佩戴水晶项链能治疗风湿疾病的说法。人体的一些经络从手指开始，经过手腕到手臂上行，穴位有许多分布在经络上或附近，若水晶镯、手链紧贴“内关”“外关”“养老”“阳池”“神门”“通里”“高骨”等重要穴位，随着手臂的活动，使手镯、手链不断地按摩手腕上的穴位，对宁心安神、舒筋活络、控制体重都有积极作用。水晶戒指套于中指“中魁”“端正”“中平”等穴位，有助于强化消化系统，防治疳积、噎嗝反胃、呕逆等症。

第十节　水晶礼品石

水晶作为一种天然宝石，是馈赠亲友的理想礼品。赠送水晶礼品没有过多的讲究，应根据受赠者的性别、年龄、爱好、与赠送者的关系以及赠送者经济实力等方面的因素而定，并不是价格越高越好。有时一件普通的首饰、一个小小的挂件，也能充分说明寓意、表达情意。

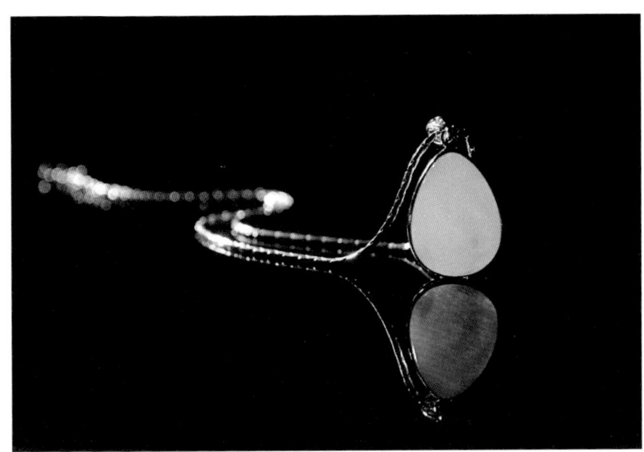

水晶饰品

水晶饰品

第五章
水晶览胜

第一节　高科技领域离不开水晶

水晶里蕴藏着宇宙的秘密。水晶的透明、坚硬、弹性、双折射、熔点高、方向性、抗压性、导热性、旋光性、耐酸性、耐碱性、压电效应等多种特殊物理、化学性能，为应用于高新科技具备了优越条件，也为水晶文化开辟了一条新路。

随着科技的迅速发展，世界军事发生重大变革。战争形态正在由机械化战争向信息化战争转变，军队信息化作战能力越来越具有决定性的作用。在现代军事装备中，水晶、石英充当了高新尖武器的“心脏”

部件。再者，高新尖武器还能应对人类突然面临的巨大自然灾害，如科学家正在寻求用核武器来击毁撞向地球的小星体和陨石，避免地球可能发生的灭顶之灾或重大灾难。还有，自1957年10月4日苏联发射人类第一颗人造卫星以来，人类已在太空制造了大量的垃圾，现在美国航空航天局正在试验一种以水晶、石英产品制作的激光“扫帚”来清扫太空中的人造垃圾。这是用高科技手段来克服高科技负面效应的典型设想，此设想可能不久就会变为现实。

另据中新网2013年7月29日报道，光1秒钟可走约30万公里，现在德国科学家成功“抓住光的尾巴”，让光停留在水晶里长达1分钟，打破了稍早仅有16秒的纪录。

德国达姆施塔特工业大学物理学教授哈夫曼、胡布利克与博士生海恩斯的研究指出，他们用“电磁感应透明”效应技术，让光留在水晶里。他们朝一颗不透明的水晶发射激光，激发量子反应，把水晶变成透明的，然后再向透明水晶射第2道光，接着把激光关掉，使水晶变回不透明，于是第2道光留在水晶里，而且不透明让水晶里的光无法反射，换句话说，光停下来了。

研究成果可能让光学的研究更进一步，也许有一天，人类可以把数据存在光里，传到很远的地方。这也给专家把光加速到超越宇宙限制提供了线索。

总而言之，人类已经进入信息化时代，而信息化时代的基本特征就是水晶或硅材料的广泛应用。水晶已与科学结下了不解之缘，科学已与生活结下了不解之缘，水晶的作用已到了无处不在、无时不在的地步。诚如美国教授弗兰克·道尔兰德所说：我们生活的“信息交流时代”，实际上应改为“水晶时代”。有朝一日，人们将以科学之剑撩开水晶神秘的面纱，定能让水晶尽显神通。

第二节　水晶的主要用途

随着科技的发展，石英（水晶）材料的应用更加广泛，特别是在无线通信、航天航空、国防工业、光学工业、冶金工业、化学工业、半导体工业、特殊装备制造业领域以及珠宝加工更是离不开水晶。

① 压电水晶。是指可供制作压电水晶晶体元器件的水晶。压电水晶要求在可用部分内无色透明，没有双晶、裂隙、包裹体以及其他种种缺陷。因为水晶具

蛟龙戏水

有正逆压电效应，并有其他压电材料所不能比拟的优点，被用来制造石英谐振器、滤波器、超声波发生器和各种测量仪器。

石英谐振器是无线电电子工业设备的关键元件。特点是具有高度的稳定性、灵敏度和相当宽的频率范围，可普遍装置在无线通信的发射器、接收器及无线电测量仪器中，如无线电报、无线电传真、无线电视、无线广播等等。还广泛应用于人造地球卫星、宇宙飞船、导弹、超音速飞机、火箭、舰艇、潜水艇、雷达、电子计算机、石英手表以及各种远距离操纵、跟踪、导航等设备之中，特别在现代人类上天、入地、下海科技应用中必不可少。20 世纪 90 年代，出现了微型石英谐振器，在蝇头大小的谐振器内含有的水晶切片薄如蝉翼。东海晶体材料厂技术人员竟将 1.8 厘米长的水晶棒切成 80 片圆晶片，可见其精密的程度。它的出现加速了电子产品现代化进程，使手机、电脑等体积越来越小，电视机、调控器的“心脏”更趋简单。

滤波器大量应用于有线通信的各种载波设备上，如载波电话，可在载波多路通信的一根导线上，同时使用数对至几千对电话而互不干扰。

双龙戏珠

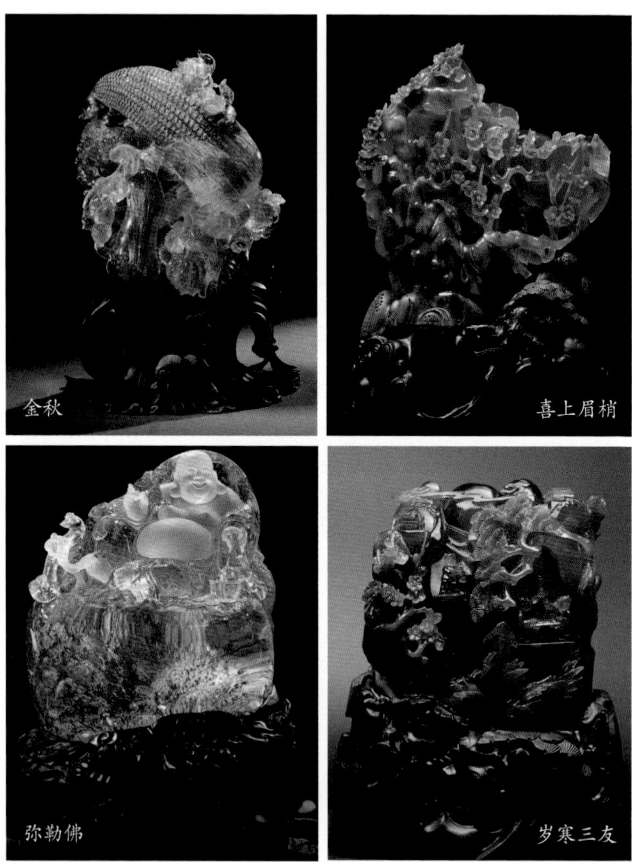
金秋
喜上眉梢
弥勒佛
岁寒三友

超声波发生器常用于超声波探测仪上，用以发现金属制品及硬质塑料的裂纹和气孔。应用于超声波探测仪，可测量海底深度、海底地形，探测鱼群。

压电水晶还应用于压力计、高压仪等各种测量仪器上，用以测量桥梁、机器、炮筒等承受压力的情况。并充当了高新尖武器的“心脏”部件。

② 光学水晶。是指纯净的无色透明的无双晶、节瘤、各种包裹体、绵、裂隙、蓝针的天然水晶。根据水晶的特殊光学性能，作为光学材料，能做成各种仪器镜头，能透过紫外线在黑暗中照相、观测，在云雾中拍摄及远距离照相。还能做成光谱仪的棱镜、透镜，用以测定矿物元素的含量。做成石英滤光镜，可观察拍摄太阳。做成紫外线灯，用来杀菌治病。做成旋光计镜头，用以测定旋光物质浓度和含量。做成望远镜、显微镜，大可观天体，小可见到细菌和细胞。

③ 熔炼水晶。指经筛选后去皮、去杂质的水晶碎块。水晶碎块经熔化冷却而形成熔炼水晶。熔炼水晶虽然从晶体性质、晶体结构等方面看，已不是水晶，但在加工过程中，经去杂质、去气泡等工艺后，也具备了水晶的耐高温、耐酸碱性能和线膨胀系数低、滤

光性等一般性质。毛泽东主席的水晶棺就是用这种工艺制成的。熔炼水晶可应用于石英玻璃行业，制作石英玻璃管材、器皿、光学玻璃、合成水晶原料，还广泛应用于电子、化工、冶金、通信、汽车、机械制造、医学器皿和仪器工业，它还可作为合成水晶的原料。

④ 工艺水晶。指不能作为压电水晶、光学水晶原料而用于雕刻、制作各种生活用品的天然水晶。随着水晶合成技术的成熟、合成水晶大批量的生产，国家放宽了对天然水晶开发利用的限制，利用天然水晶制作各种工艺品，由于物美价廉，深受人们的青睐。利用水晶特殊的材质，开发出水晶雕刻品、观赏石等，由于这类产品具备唯一性、美学性、艺术性等特点，因而进入收藏品、奢侈品之列，深受收藏家们的喜爱，并且丰富和发展了中国的赏石文化。

⑤ 珠宝水晶。是天然的、稀有的、可用于珠宝首饰加工的各种水晶。如各种有色水晶、各种包裹体水晶等。珠宝类水晶可以加工制作项链、手链、戒指、耳环、挂件、胸针、胸花、头饰等。长期佩戴水晶饰品，可对人体的穴位起到按摩施压作用，促进人体血液循环、疏通经络，使大脑清晰、精神振奋。水晶有一定

的磁场，可对人体起到磁疗和电疗作用。水晶含有丰富的微量元素，通过皮肤的长期摩擦，在汗液作用下，微量元素可以进入人体，达到补充微量元素的效果。

水晶是凉性物体，戴上水晶眼镜就有清凉感觉，能去火清目，防治红眼病。

水晶吸收大地之灵气，具有某些超自然的力量，家居陈设、随身佩戴可以增加精神上和心理上的抵抗力。

⑥ 标本水晶：是指未经人为破坏、具有科研价值的各种水晶。每一件水晶标本都向人们传递着其生长背景、产地的地质条件、物质组成、化学成分、结构构造等丰富的信息。这些来自亿万年前甚至 20 多亿年前、来自地球内部地质运动、来自物质根基的信息，是人们了解自然奥秘的重要途径，人们在欣赏水晶美学价值的同时，也注重探讨水晶的科学内涵。这种集趣味性、知识性为一体的收藏体验也是人们喜欢水晶的重要原因。

第三节　精彩纷呈的水晶产品

东海水晶产品主要分为四大类：一是水晶工艺品，二是水晶雕刻品，三是水晶观赏石，四是水晶原石。

一、水晶工艺品

大致分为首饰品、保健品、文化用品、装饰品。首饰品如：项链、手链、手镯、耳坠、胸花、戒指等；保健品如：眼镜、健身球、枕席、坐垫、美容球、按摩棒；文化用品及装饰品如：印章、书枕、象棋、围棋、水晶餐具、酒具、茶具等。

二、水晶雕刻类产品

水晶雕刻属于雕塑艺术范畴，具体说则属于玉雕艺术，是以水晶为材料来表现对象的立体艺术，占有一定的空间，以具体的形象来表达思想内容，是造型艺术的基本形式之一。中国是文明古国，玉石加工大约有 7000 年的历史。在玉石加工的历史长河中，我们的祖先创造了非常精湛的玉雕工具和玉雕方法，这些技法也被水晶雕刻艺术所继承和发扬。东海水晶雕刻中常用的几种技法有：

（一）浮雕

浮雕是指在雕刻平面的底板上琢制形象，形体轮廓线近似绘画，凹凸变化不一，不拘泥于形式，主要从正面欣赏。浮雕广泛运用于素活、炉、瓶薰、器皿及其他各类作品。浮雕的技法较多，主要有：

① 浅浮雕：即雕刻较浅，层次交叉少，其深度一般不超过 2 毫米。浅浮雕对勾线要求严谨，常以线和面结合的方法增强画面的立体感。

② 中浮雕："地底"比浅浮雕要深些，层次变化也多些，一般地子深度为 2 ~ 5 毫米，也根据膛壁的厚度决定其深度。

③ 深浮雕：层次交叉多，立体感强。浮雕的图案有两大类：一类是传统的各种变形纹样，如回形纹、雷纹、勾莲纹等；一类是写实图案，如花卉、草虫、鸟兽、山水、人物及具象型的龙凤、吉祥图案等。

（二）透雕

透雕又叫镂空雕。是在浅浮雕或深浮雕的基础上将某些相当于"地"或背景的部位镂空，使形象的景象轮廓更加鲜明，作品能体现出玲珑剔透、奇巧的工艺效果。透雕使作品层次增多，许多作品花纹图案上下起伏两三层乃至四层。由于层次增多，花纹图案、景物上下交错，景物远近有别。因其工艺复杂，制作难度较大，采取钻孔穿透碾磨法，故镂空处上下层的线条错落复杂，在抛光时最为费时费力，然而透雕艺术效果最佳。

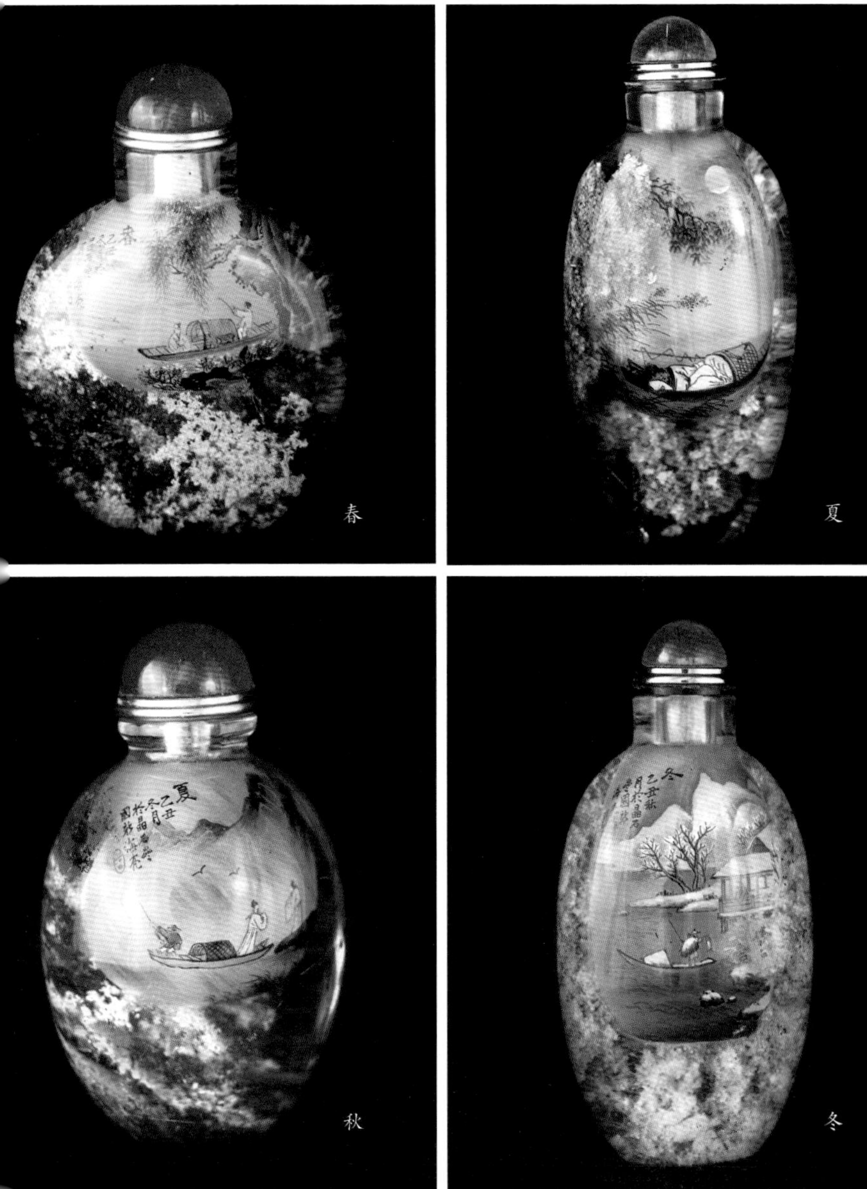

春

夏

秋

冬

（三）圆雕

又称“圆身雕”，属三维立体雕刻。前后左右各面均须雕出，观赏其物不分正面、侧面，可以从四周、上下任何角度欣赏，器如实物，只是比例差异而已，有实在的体积。圆雕工艺应用最广的品种是素活类、球类和人物类。

（四）内雕

内雕是较复杂的工艺。在一块石料上雕刻里外两层或三层景物，玉雕界称内雕为“绝活”。由于水晶透明的特殊材质，内雕技艺在水晶雕刻中很少应用。

（五）阴雕

利用水晶清澈透明的特点，在雕刻品背面琢磨各种景物、图像，从正面观看，有放大的效果，更加清晰、灵动。阴雕技法是水晶雕刻中特有的，其他玉雕作品中很少应用。以魏登旭为代表的东海水晶雕刻艺人传承、拓展了阴雕的创作空间。目前，阴雕技法已被广泛应用于水晶雕刻中。

（六）环链工艺

水晶雕刻中的链条，俗称玉雕“链子活”。它工艺精巧，剔透纤细，堪称绝技。在与立体雕、镂空雕

等工艺结合运用时，更是相互辉映，显得整器格外绰约多姿，玲珑透漏。链条工艺在炉、瓶、塔、薰、片、锁、坠等玉雕物件上都有出现，在瓶炉等中大型器皿中出现得尤为广泛，也最具代表性。水晶雕刻中的链条工艺是一门技巧性很强的技术活，链条在每件作品上的用法不同，所产生的效果也不一样，慎用、活用和巧用都能为主体造型设计起到呼应衬托的作用，还能增大作品的体量、丰富作品画面，使作品造型体现小中见大、静中有动的效果，给人以玲珑剔透、意境优美、巧夺天工的感受。

（七）挖膛

挖膛是琢制玉器内腹部技术。良渚文化时的高筒玉琮已显示出挖膛技巧的高超，清代的鼻烟壶制作更是追求薄壁，“水上漂”是鼻烟壶挖膛技术的最高体现，使这一技术更趋娴熟。在水晶雕刻上，和其他的技法一样被移植，并有所创新，已被应用到薄胎鼻烟壶、薄胎花瓶等器皿的制作中。这种技法更有利于体现水晶的玲珑清澈、冰清玉洁的品质，其造型多轻盈、秀丽、典雅，造价自是可观。在鼻烟壶制作中，有时将水晶中的包裹体展示的图案与内画融为一体，更能体现水晶之神韵。

（八）磨砂技术

磨砂技术是通过喷砂机，利用高速金刚砂流冲击作用清理和沙化水晶雕件表面的一种工艺。另外，水晶具有耐酸耐碱性，但水晶能溶解于氢氟酸。利用这个原理，先用氢氟酸做局部腐蚀，然后再用碱煮，除去酸后留在水晶沙化的油腻，也可以达到喷砂的效果。喷砂的主要目的：第一，可以清理水晶雕刻毛件表面的细微毛刺，使其表面更加平整，同时喷砂还能在雕件表面交界处打出很小的圆角，使其更加美观和精密，也有利于后续的抛光；第二，就是利用喷砂的沙化而带来的亚光（磨砂）效果，形成抛光与亚光的合理对比，增强所雕之物的层次感、立体感和质感，从而提高雕件的艺术效果和视觉冲击力；第三，喷砂的亚光（磨砂）效果，可以掩饰水晶体内的裂隙、绵等瑕疵，提高雕刻品整体美观度。喷砂的好差，主要看喷得是否均匀、细腻，与抛光处衔接得是否干净、利索、自然，以及喷砂与抛光各处的整体效果是否搭配、和谐、统一。

（九）抛光

抛光是水晶雕刻的最后一道工序，行内习惯叫作

"光亮"或"光活"。它也是非常重要的一道工序，直接关系到水晶灵动透明质地表现得好坏以及雕件的整体效果。传统都是旱抛光，用精细的金刚砂纸进行手工打磨，达到光亮的目的。目前水抛光技术在水晶雕刻界得到了普遍的采用，深得雕刻者和市场的欢迎。当然，水抛光由于振动机的介入，那些大型的、镂空度高、水晶体极薄等容易震坏的雕件，以及振动机抛不到的旮旮旯旯，仍然要用手工的旱抛光。水旱两种抛光技术的兼顾利用，各司其职，相得益彰，是抛光技术的一大革新，在大大提高时效的同时，也保证了抛光的安全和质量。

一般地说，上述技法不是单独用，在雕刻的实践中，往往一件东西要用几种技法才能满足设计要求。技法多且能统一、和谐的作品更见功夫，更能出精品。

三、水晶观赏石

水晶观赏石叫法很多，有的叫奇石、雅石、景石，主要体现在外在美和内在美的巧妙结合。经过人工打磨或稍加雕琢的水晶观赏石，分为水晶景石和景石雕两种。只做打磨加工类的是水晶观赏石的主体，面广量大，精品多多。景石雕则是近几年才开发的项目，

水晶观赏石

五福临门

金玉满堂

是那些聪明的水晶雕刻师匠心独运，从玉器的巧雕技法中悟出的新创意。他们根据水晶包裹体的色彩、形状及其寓意，辅之以适当的雕刻，从而进一步张扬和深化这些水晶包裹体的意义、意境，求得天人合一之艺术效果。这一新生事物一问世，就受到了市场的欢迎和追捧，其发展速度极其迅猛，前途极其广阔，将占据水晶观赏石市场的半壁江山。

四、水晶原石

水晶原石是指未经人工加工的水晶晶体，它保留了水晶出土时的自然形态，是原汁原味的原生态产品。主要品种有：无色水晶（白色）、紫水晶、黄水晶、烟晶、绿水晶、双色水晶、芙蓉石、红水晶、发晶、绿幽灵、紫晶洞、聚宝盆、各种晶簇及与其他矿物共生的水晶原石。

第四节　水晶鉴赏与收藏

水晶将是继翡翠、白玉之后的又一个珠宝玉石投资、收藏热点。在东海乃至全国，水晶收藏悄然兴起，收藏队伍日益扩大，对于丰富、发展中国的赏石文化，推动水晶价值的提升起到了积极的作用。

水晶原石

一、水晶收藏品分类

水晶是天然的矿物，每一件水晶收藏品都有其独有的特征。由于水晶品种繁多，加之收藏者个人的爱好、兴趣、收藏目的不同，无法为水晶收藏品进行严格的分类；因此，目前国内外对水晶收藏品没有统一的、固定的分类标准。按照水晶藏品的用途，水晶收藏品可分为标本类、景石类、雕刻品类、珠宝类四大类。

① 标本类：指未经过人工加工、修饰的各种水晶原石。主要包括：单晶体：是指由硅离子单独结晶和硅离子与其他离子同时结晶而形成的单个的水晶晶体；集合体：是指由两个以上同时生长的水晶晶体组成的各种晶簇；共生体：是指由两种以上先后生长的矿物晶体组成的各类组合晶簇。

② 景石类：指水晶原石经过简单加工、打磨后，由于晶体内所含的晶形和矿物的不同，而呈现不同形态、不同色别的各种景石。

③ 雕刻品类：指经过设计、雕琢、打磨、抛光等一系列人工创作后，而产生的各种水晶艺术品。

④ 珠宝类：指运用稀有水晶原料生产的各类水晶饰品、水晶挂件、水晶球、水晶把玩、水晶摆件等。

二、水晶收藏品评价标准

由于中西方文化的差异，以及各类水晶收藏品的用途不同，评价其优劣的标准也不尽相同。同时，水晶收藏品档次的高低还受到产地、生长条件、储量与产量等因素的影响，水晶收藏品的评价必须综合考虑各方面的因素，其标准也是很难统一的。在水晶收藏界有一些约定成俗的规则，不论哪一类收藏品，除具有水晶的共性特征外，都有其特殊的个性特征。因此，对水晶收藏品的评价标准包括共性和个性两个方面。

（一）共性标准

① 晶体越大越好。由于水晶的生长需要一定的温度和压力，还需要封闭的腔洞和特殊母液，这种生长条件十分苛刻，同时水晶的结晶过程十分缓慢，如果条件允许，水晶可以生长上千年，甚至更长，一旦环境受到破坏，水晶就停止结晶生长。因此，在自然条件下，晶体越大，说明其生长的空间就越大，时间就越长，生长条件就越难得。所以，在品质相当的情况下，晶体大的比晶体小的要好。

② 透明度越高越好。水晶以清澈透明而著称，在其生长过程中，条件稍微发生变化，硅离子排列的习

水晶饰品

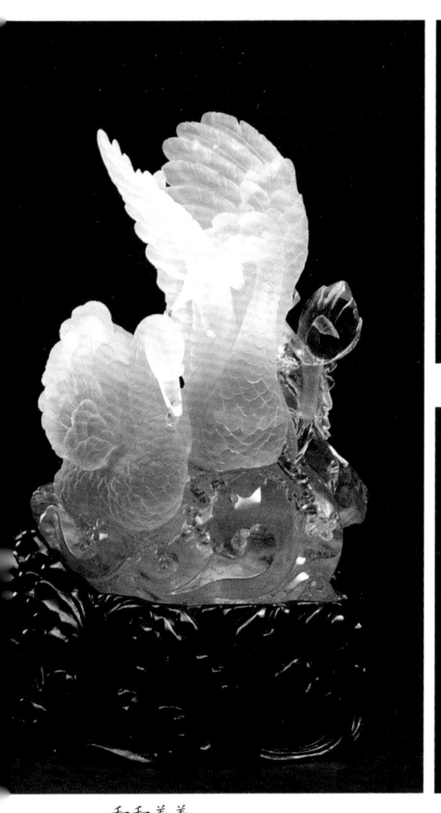

和和美美

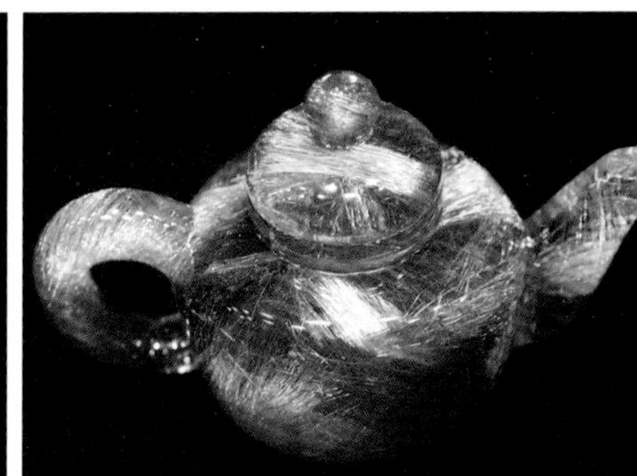

金发晶壶

银发晶壶

性就会产生改变，难免会出现发育不全、裂隙、混入其他杂质等现象。因此，透明度越高，说明硅离子排列就越有规则，品质就越好 。

③ 颜色越鲜艳越好。水晶在其生长过程中，由于混入其他物质而呈现不同颜色。一般来说，红、黄、绿、紫色水晶比白、茶、墨色水晶要好。彩色水晶是宝玉石家族的重要成员，而白色、茶色水晶要成为真正意义上的宝石，还有相当长的路要走。

④ 材质越稀有越好。物以稀为贵。由于各种水晶的储量和产量不一样，其价值也不一样。储量和产量越少的品种价值就越高，这是造成白水晶、茶水晶的价格远远低于钛晶以及其他彩色水晶的根本原因。

（二）个性标准

① 标本类：一要晶形完美。一般情况下，水晶的标准晶形为三方六棱锥体，也有呈现双锥体，还有少量的日本双晶或五棱锥体，晶面有横向晶纹。完美的晶形是六个棱面、棱角大小一致，这种晶形是收藏家所追求的。二要晶簇主体突出。一块标本上有一两个晶体尺寸远远大于其他个体，而且生长突出，这是晶簇中的精品，受欢迎的程度远远高于那些晶体集群整

齐均匀的标本。三要布局造型整体协调。当一块标本由两种或两种以上矿物晶体组成时，晶体与围岩之间、晶体与晶体之间以及晶体色彩搭配美观协调、主次分明，为最佳标本。一块标本由三种以上矿物晶体组成，也十分难得。四要完整。好的标本不能有任何明显的损伤。“损伤”是指可见的伤痕、擦痕、裂隙、断面等，包括人为的和天生的各种“破坏”，尤其是在光洁的晶面和边缘。那些用射线照射改变晶体的颜色、用黏合剂修复破损的晶体、用机械抛光掩盖晶体表面的破损，或用其他物质填充晶体裂隙等人工造美行为都是不能容忍的。五要信息准确、全面。包括产地信息、成因说明、出土时间、规格重量等。虽然这些信息不直接影响水晶的观赏，但为藏品提供了一张“身份证”，保存了该藏品的地质资料和科学价值，因而更具有收藏性。

② 景石类：水晶在生成过程中，由于晶体内其他矿物的混入，或者因温度、压力等条件的变化而改变结晶方式，或者不同化学元素共同反应和结晶，在晶体内形成了千姿百态、千变万化的包裹体，这些包裹体含其他天然矿物、二次或多次结晶体、裂隙等结晶缺陷、气体和液体等物质，产生了各种具象的、抽象的景观，

或飞禽走兽，或花鸟虫鱼，或人物山水，构成了一幅幅惟妙惟肖、如梦如幻的水墨画卷，人们把这种水晶俗称为景石，也称水晶观赏石。一般来说，晶中的景，全包比半包要好，半包比皮上的要好。对景石的评价还有“五看”：一看形象是否逼真，特别是象形的景石，神形兼备者为最佳；二看色彩是否丰富多彩，色彩鲜艳，主题突出者为最佳；三看意境是否深远，能催发人想象，让人浮想联翩的为最佳：四看造型是否奇特，特别是含有其他矿物晶体的景石，与母体之间的主次结构分明、包裹体个性突出的为最佳，如各种发晶景石，顺发的比杂乱的要好，板状的比线条状要好；五看命名是否贴切，给景石命名反映了命名者的文化素养和兴趣爱好，立意新颖，贴切生动，富有文化内涵，能引起观赏者的共鸣的为最佳。

③ 雕刻品类：水晶雕刻品是大自然的鬼斧神工与人类智慧共同结晶的产物。因此，对水晶雕刻品的评价除水晶的材质外，更主要的是人的艺术创作水平和制作工艺。水晶雕刻品的创作大体上要经过构思、设计、雕琢、研磨、抛光等几个阶段。一件好的作品，主要体现在：一要设计合理。构思和设计是水晶雕刻品创

太平有象

秋色

作的灵魂，拿到一块水晶原料，艺术家们首先要根据材质思考的是它能做什么，在确定做什么这个主题后再思考怎样做，材料如何取舍，画面如何布局，等等。这个过程是一个反复推敲的过程，有时要思考很长的时间，目的是要因材设计，实现创作主题与水晶材质的完美结合，力求彰显水晶材料的特色和魅力。二要精雕细琢。水晶的硬度大，并且具有脆性，雕刻的难度远远高于各种软玉石。要使作品达到布局合理、构图准确、形象生动，产生完美的视觉效果，必须小心翼翼，精雕细琢，稍有不慎，整个作品就会毁于一旦。因此，精湛的雕刻工艺是水晶雕刻品创作的关键。工艺包括工具（含研磨材料）和技艺两个部分，雕刻师技艺的高低是决定作品品位的核心要素，也是衡量作品收藏价值的关键。三要主题健康向上。水晶雕刻的题材十分广泛，有传统的，也有现代的，不论是哪一类题材，能够体现水晶绚丽多彩的特色、符合现代人的生活情趣和审美观，才有强大的生命力。四要出自名家之手。和书画、陶瓷等其他艺术品一样，水晶雕刻品的品位也有门第高低之分。一般来说，出自名家的作品，比如国大师、省大师的作品，更具收藏价值。

发晶瓶

玉兔

④ 珠宝类：根据珠宝玉石行业标准，对天然珠宝玉石的定义是：由自然界产出，具有美观、耐久、稀少性，具有工艺价值，可加工成饰品的物质统称为天然珠宝玉石，包括天然宝石、天然玉石和天然有机宝石。而对天然宝石的定义是：由自然界产出，具有美观、耐久、稀少性，可加工成饰品的矿物的单晶体（可含双晶体）。稀有水晶完全符合天然宝石的标准。由其加工的各类饰品的评价标准可以参照天然宝石标准来确定，同时要综合考虑透明度、光泽、切割、抛光、托架材质、镶嵌工艺以及色彩搭配等因素。由纯净的水晶（俗称 AA 级）、各种彩色水晶以及含有钛、铁、铝等元素的水晶制作的水晶球、水晶挂件、水晶把玩、水晶摆件等也极具收藏价值。以这些材料制作的水晶球直径越大，价值越高，尤其是直径 10 厘米以上的水晶球，直径每超 2 厘米，价格可以翻番。把玩、摆件等藏品，体积和重量越大，价值也就越高。人们有一个误区，认为水晶的储量远远大于其他宝石，因此，水晶不是宝石。从“稀有性”的角度来说，白水晶、茶水晶等因其储量相对较大，确实不属于真正意义上的宝石。但各种彩色水晶以及含有金红石、电气石、

玉米

阳起石的各种发晶的稀有性不比诸如尖晶石、橄榄石、坦桑石、托帕石等宝石逊色，而其目前的市场价格远远低于它们，所以，这类藏品的升值空间是很大的。

第五节　水晶收藏市场前景

中国人开发利用水晶有着悠久的历史，同时中国又有着灿烂的赏石文化，为水晶收藏奠定了丰厚的文化底蕴。伴随着东海水晶产业的发展，水晶收藏逐步进入国内外收藏家的视野，是东海人将水晶打造成收藏界的新宠。同时，东海人为中国观赏石家族增添了一个新成员——水晶观赏石，丰富和发展了中国的观赏石文化。

在五花八门的国际收藏界，精美的矿物越来越受到收藏家的重视和推崇，收藏矿晶的人与日俱增。据有关资料显示，全球目前有数以千万计的矿物爱好者和收藏家，有近 5 万家自然博物馆和矿石宝石展览馆，而这些博物馆和展览馆绝大部分在欧美等发达国家。在过去的二三十年中，收藏和爱好矿晶的人日益增多，特别是在日本和韩国，矿物宝石及水晶收藏已成为一种文化时尚和投资趋势。近年来，新加坡和中国大陆

雄鸡

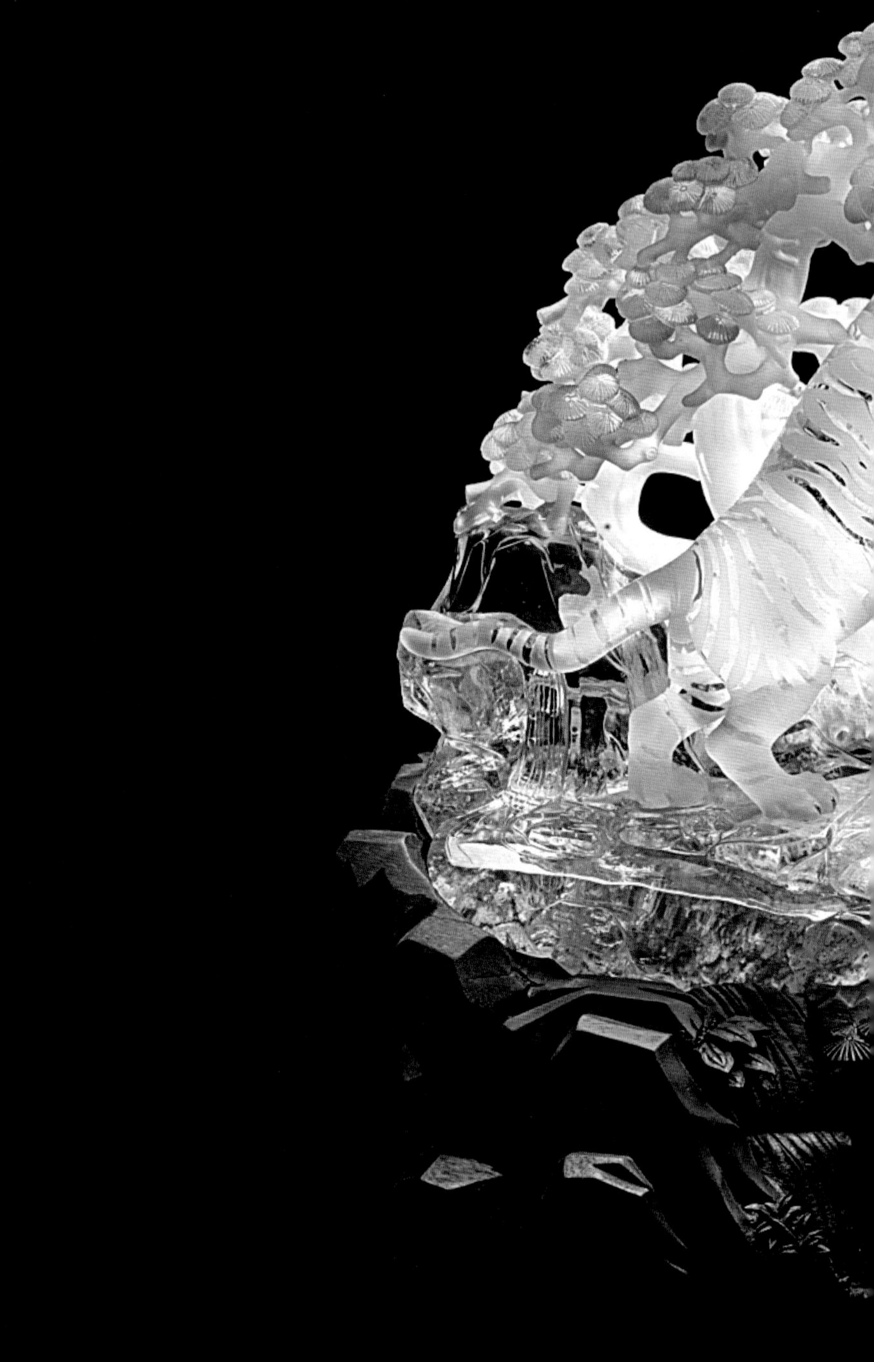

老虎

及香港、台湾地区，也开始出现一些华人矿物收藏家。水晶是矿物收藏的重要组成部分，深受矿物收藏家的重视和青睐。水晶收藏的魅力是由其自然属性和社会属性决定的。

一、水晶的自然属性

大量的地质研究结果及成熟的合成水晶实践证明，水晶生长的条件十分苛刻，每一块天然水晶晶体都带有其独有信息，是人工无法复制的，这就决定了水晶的自然属性。

① 个体的唯一性。水晶是在特定的地质环境中、一定的地质作用下生长形成的，每一块完整的水晶，都展示着独有的特征。与人的生命一样，个体与个体都存在着很大的差异，在世界上都是独一无二的。加之因生长环境的变化、微量元素的混入和结晶过程中的物理、化学条件的差异，造成其形态、大小、色泽与其他矿物组合的不同。这些因素都促成水晶收藏品的唯一性。这种唯一性正是收藏家们最喜爱的特征。

② 资源的不可再生性。水晶的生成条件十分苛刻，是一个复杂、漫长和纯自然的过程。许多条件如矿源物质、晶洞、营养液，特别是上百年乃至上千年的结

晶时间，是人类无法模拟的。因此，水晶造假十分困难，水晶收藏品不可复制。这也是收藏家们钟爱水晶的重要因素。

③ 独特的美学性。绝大部分水晶收藏品都是精美绝伦、稀少神奇的天然艺术品，具有独特的美学价值。就形态来说，纯净透明是水晶的最大特征，即使与其他矿物组合，形成千姿百态的包裹体，也能让内心世界一览无余，况且同一件水晶收藏品在不同的角度和光线下观测，又展示出多姿多彩、变幻无穷的景象。标准的水晶晶体有棱有角、有规有矩、平整光滑、一丝不苟，犹如人工雕琢一般，让人们在欣赏水晶的韵律美、对称美、结构美、协调美的同时，还会不由自主地去探讨隐藏在其精美表面下的玄妙、自然、深奥的科学。同时，五彩缤纷的颜色、千奇百怪的包裹体，美轮美奂，如诗如画，更让人百看不厌，爱不释手。这也是水晶收藏品的魅力所在。

④ 内涵的科学性。每一件水晶收藏品都向人们传递着其生长背景、产地的地质条件、物质组成、化学成分、结构构造等丰富的信息，这些来自于亿万年前甚至20多亿年前、来自于地球内部地质运动、来自物

质根基的信息，是收藏者了解自然奥秘的重要途径，人们在欣赏水晶美学价值的同时，也注重探讨水晶的科学内涵。这种集趣味性、知识性为一体的收藏体验，也是人们乐此不疲收藏水晶的重要原因。

二、水晶的社会属性

① 加工的艺术性。水晶雕刻品是水晶收藏品的重要品种。人们在开发利用水晶资源的过程中，把中国的传统文化、传统工艺、现代科学技术以及创作者个人的聪明才智融于水晶雕刻中，赋予了水晶新的灵魂。这些根据不同材质、运用不同工艺、由不同的人创作的水晶雕刻品也可以说件件都是孤品、绝品，是大自然神奇造化与人类智慧的共同结晶，也独具收藏价值。

② 价格的增值性。水晶是天然的、不可再造的，并且在自然界的分布和储量都是有限的，随着开采的进一步深入，水晶资源会日益枯竭。所以，水晶收藏品的保值增值是显而易见的。相对于翡翠、白玉而言，水晶的价格是很低的。打一个不十分恰当的比方，翡翠、白玉的价格构成因素是“一分材质，九分文化”，而水晶则是“九分材质，一分文化”。随着水晶文化价值的提升，其升值空间和收藏潜力应该远远高于翡

翠和白玉。近年来，随着其他艺术品价格的快速增长，热衷于水晶收藏并且以投资为目的的收藏者队伍越来越大，他们从水晶收藏中大都获得了丰厚回报，可以预见，这种回报会越来越大。

③ 流通的国际性。水晶是大自然的产物，与人类活动无直接关系，其价值是全球性的。并且世界许多国家都出产水晶，全球有千万计的矿物收藏家，这就决定了水晶及其制品在国内外有着广阔的市场，并且在国际上可以自由流通。由于没有地域、文化、地理的限制，水晶收藏与交流的世界性，是其他收藏品，如古玩字画等所不能比拟的。

三、水晶收藏的价值体现

现代文明社会的基本要素是由文化、经济和科学技术等方面构成的。水晶藏品集文化价值、经济价值、科学价值为一体，可以从多个领域展示它的“财富”。在文化领域，艺术家们和艺术爱好者对水晶晶体中展现的各种自然图像表示惊叹，从中可以得到美的启迪，也可以利用水晶进行艺术创作；在经济领域，经济学家们以及从事水晶经营的人们从水晶藏品中可以敏锐地发现它的投资价值，可以利用水晶进行生产或贸易，积累和创造财富；在科技领域，对于科学家或者喜欢自然科学的人们而言，水晶晶体是一个令人神往的世界，可以从微观的细节入手，研究各种元素的演变、组合、反应过程。也可以从水晶的生长过程中，探索地球内部各种力量相互作用而产生的后果和影响。因此，文明社会的基本要素都能从各类水晶藏品中找到其价值体现。

当下，是水晶收藏的最好时期。随着人们生活质量的提高以及需求结构的变化，水晶收藏不仅可以满足人们的物质需求，而且可以满足人们精神和文化方面的需求。在水晶收藏队伍中，有的人是为了个人的财富储备，有的人是为了装饰自己的生活空间，有的人是为了科学研究，学习、了解水晶所传递的科学知识。同时，天然水晶还具有某种灵性功能，能治愈疾病、增强活力，使人心情愉悦。总之，不同的收藏人群，有着不同的价值取向，都能在水晶收藏中找到自己的乐趣。

朋友，如果你喜欢水晶，就请你来东海，相信东海水晶一定能给你带来吉祥和好运！